普通高等院校智能建造应用型人才培养教材

智能土木工程材料

主　编　张效忠　孙国民　崔　波

副主编　熊　鹏　方　娟　刘春艳

　　　　尚　茂　田学森

西南交通大学出版社

·成都·

图书在版编目（CIP）数据

智能土木工程材料 / 张效忠，孙国民，崔波主编.
成都：西南交通大学出版社，2025.5. -- ISBN 978-7-5774-0498-1

Ⅰ. TU5-39

中国国家版本馆 CIP 数据核字第 2025Y2B799 号

Zhineng Tumu Gongcheng Cailiao
智能土木工程材料

主　编／张效忠　孙国民　崔　波	策划编辑／李华宇　李芳芳　赵永铭
	责任编辑／赵永铭
	责任校对／蔡　蕾
	封面设计／吴　兵

西南交通大学出版社出版发行
（四川省成都市金牛区二环路北一段 111 号西南交通大学创新大厦 21 楼　610031）
营销部电话：028-87600564　　028-87600533
网址：https://www.xnjdcbs.com
印刷：四川煤田地质制图印务有限责任公司

成品尺寸　　185 mm×260 mm
印张　7.25　　字数　211 千
版次　2025 年 5 月第 1 版　　印次　2025 年 5 月第 1 次

书号　ISBN 978-7-5774-0498-1
定价　32.00 元

课件咨询电话：028-81435775
图书如有印装质量问题　本社负责退换
版权所有　盗版必究　举报电话：028-87600562

前 言
PREFACE

土木工程作为一门古老而又不断创新的学科，一直在不断寻求新的材料和技术以提高建筑物的适用性、安全性和耐久性。近年来，随着科技的发展，智能材料作为一种新型材料，逐渐在土木工程领域崭露头角，为工程的建设和运营维护提供了智能化的可能。我们把这部分智能材料称为智能土木工程材料，本书重点介绍智能土木工程材料的特点和应用，以及这些应用给土木工程带来的影响和未来发展方向。

智能土木工程材料，首先是一种具有智能功能的材料，能够感知外部环境的变化并做出一定的响应，是可以直接或间接应用在土木工程领域的材料。智能土木工程材料的应用可以给人类带来诸多好处，如提高工程结构物的安全性、延长使用寿命、降低维护成本等。智能土木工程材料为建筑物的设计、施工、运行和维护带来了全新的思路和方法。通过智能土木工程材料的运用，实现了建筑物的智能化、高效化和可持续化，提高建筑物的安全性、舒适性和环保性。未来，随着智能材料技术的不断发展和完善，相信智能材料在土木工程领域的应用会越来越广泛，为人类创造更加安全、舒适和可持续的建筑环境。

本书重点介绍智能土木工程材料在结构健康监测、工程防灾减灾、节能环保等领域的应用。为了便于读者学习，本书对每种智能土木工程材料介绍的方法基本一致，在介绍智能土木工程材料的工作原理的基础上，介绍智能土木工程材料在工程领域的应用，并结合近几年的工程案例说明应用的方法和效果。本书由张效忠设计大纲并主持编写，共8个章节，张效忠负责第1章和第2章的编写，孙国民负责第2章和第3章的编写，熊鹏负责第4章的编写，方娟负责第5章的编写，刘春艳负责第6章的编写，尚茂负责第7章的编写，田学森负责第8章的编写。

本教材在编写过程中，得到贵州省科技厅项目"西南高原山区在役工程干湿交替区混凝土复合环境下劣化机理研究（项目编号：黔科合基础 MS[2025]244）"和毕节市科技局项目"毕节市山区桥梁智慧监测重点实验室（项目编号：毕科合[2024]22 号）"的资助，在此表示感谢。

智能土木工程材料在我国目前处于高速发展阶段，由于时间仓促和作者认知有限，本书疏漏在所难免，敬请广大读者不吝赐教。对本书的意见和建议请发送到 zhangxiaozhong@126.com。

作　者

2025 年 3 月

目录
CONTENTS

第 1 章　智能土木工程材料概述 **001**
 1.1　智能材料的概念，类型及其特性 001
 1.2　智能材料在土木工程中的应用 002
 本章思考题 005

第 2 章　形状记忆合金 **007**
 2.1　形状记忆合金的发展历史 007
 2.2　形状记忆合金的工作原理 010
 2.3　形状记忆合金在土木工程中应用 016
 本章思考题 021

第 3 章　智能纤维材料 **022**
 3.1　智能纤维材料的发展历史 022
 3.2　智能纤维材料的特征与机理 028
 3.3　智能纤维材料在土木工程中的应用 034
 本章思考题 038

第 4 章　智能混凝土 **039**
 4.1　智能混凝土概述 039
 4.2　传感器与智能元件 040
 4.3　自修复混凝土 042
 4.4　压电混凝土 043
 4.5　智能混凝土的制造与工艺 045
 4.6　智能混凝土的施工与质量控制 047
 4.7　智能混凝土的应用与案例分析 048
 4.8　智能混凝土的未来发展 051
 本章思考题 053

第 5 章 压电材料 ··· 054

5.1 压电材料基础 ·· 054
5.2 压电材料在土木工程中的应用 ··· 057
5.3 压电材料在智能结构中的应用 ··· 059
5.4 能量采集与压电材料 ·· 060
5.5 压电材料在土木工程中的未来发展 ······································· 061
本章思考题 ·· 062

第 6 章 橡胶材料 ··· 063

6.1 橡胶加工工艺 ·· 063
6.2 橡胶材料在混凝土结构中的应用 ·· 066
本章思考题 ·· 069

第 7 章 智能材料在结构振动控制中的应用 ······································ 070

7.1 结构控制的概念和类型 ··· 070
7.2 智能材料在土木工程结构振动控制中的应用 ························· 073
本章思考题 ·· 076

第 8 章 智能土木工程材料在工程监测中应用 ·································· 077

8.1 工程监测与智能材料概述 ··· 077
8.2 智能监测材料的工作原理 ··· 078
8.3 李家沱长江大桥健康监测 ··· 080
8.4 苏通大桥结构健康监测系统设计 ·· 095
8.5 南京地铁隧道沉降光纤监测 ·· 102
本章思考题 ·· 107

参考文献 ·· 108

第1章 智能土木工程材料概述

智能土木工程材料是一种能感知外界环境变化并自动改变自身特性以适应该变化，可实现自诊断、自调节、自适应、自修复等功能的新型复合土木工程材料，是近年来引起世界各发达国家重视的新材料高技术体系。其全新的构思源于仿生，目标是要获得类似人的各种功能的"活"的材料。智能材料的出现为土木工程材料与结构提供了新的发展方向，智能材料与结构系统在木土工程领域中有着巨大的应用潜力。目前，压电、压磁、光纤、形状记忆合金等智能材料，在当代土木工程领域内已得到了广泛应用。

1.1 智能材料的概念、类型及其特性

1.1.1 智能材料的概念

智能材料（Intelligent material），是一种能感知外部刺激，能够判断并适当处理且本身可执行的新型功能材料。在土木工程中，智能材料根据其功能特点的不同可分为感知材料和智能驱动材料两大类，其中感知材料就是自身可感知外界环境或内部刺激的材料，而智能驱动材料是指当外界环境因素或内部状态发生变化时可对这种变化做出响应或驱动的材料。总体上来说，智能材料主要有七个功能：（1）感知功能：可对外界或内部的刺激进行监测和识别；（2）反馈功能：将监测到的内容传输、反馈；（3）信息识别和积累功能：对反馈的信息进行识别和记忆；（4）响应功能：对外界和内在变化进行及时、灵活的响应；（5）自诊断功能：对于信息进行诊断、分析；（6）自修复功能：按照设定的方式对故障进行修复；（7）自适应功能：在外部刺激消除后可自行恢复到原状态。可见，智能材料可实现结构或构件的自我监控、诊断、检测、修复和适应等各种功能。在实际工程中，要想实现这么多功能一般需要多种智能材料的组合来达到目的。

1.1.2 智能材料的类型

目前，智能材料主要有形状记忆合金、电流变体和磁流变体、磁致伸缩材料、压电材料等几大类。一般情况下智能材料由基体材料、敏感材料、驱动材料和信息处理器四部分构成。

1. 基体材料

基体材料担负着承载的作用，一般宜选用轻质材料。基体材料首选高分子材料，因为其质量轻、耐腐蚀，尤其具有黏弹性的非线性特征。其次也可选用金属材料，以轻质有色合金为主。

2. 敏感材料

敏感材料担负着传感的任务，其主要作用是感知环境变化（包括压力、应力、温度、电

磁场、pH 值等）。常用敏感材料，如形状记忆材料、压电材料、光纤材料、磁致伸缩材料、电致变色材料、电流变体、磁流变体和液晶材料等。

3. 驱动材料

因为在一定条件下驱动材料可产生较大的应变和应力，所以它担负着响应和控制的任务。常用有效驱动材料有形状记忆材料、压电材料、电流变体和磁致伸缩材料等。可以看出，这些材料既是驱动材料又是敏感材料，起到双重作用，这也是智能材料设计时可采用的一种思路。

4. 信息处理器

信息处理器是在敏感材料、驱动材料间传递信息的部件，是敏感材料和驱动材料二者联系的桥梁。

1.1.3 智能材料的特性

因为设计智能材料的两个指导思想是材料的多功能复合和材料的仿生，所以智能材料系统具有或部分具有如下的智能功能和生命特征。

- 传感功能：能够感知外界或自身所处的环境条件，如负载、应力、应变、振动、热、光、电、磁、化学、核辐射等的强度及其变化。
- 反馈功能：可通过传感网络，对系统输入与输出信息进行对比，并将其结果提供给控制系统。
- 信息识别与积累功能：能够识别传感网络得到的各类信息并将其积累起来。
- 响应功能：能够根据外界环境和内部条件变化，适时动态地做出相应的反应，并采取必要行动。
- 自诊断功能：能通过分析比较系统的状况与过去的情况，对诸如系统故障与判断失误等问题进行自诊断并予以校正。
- 自修复功能：能通过自繁殖、自生长、原位复合等再生机制，来修补某些局部损伤或破坏。
- 自调节功能：对不断变化的外部环境和条件，能及时地自动调整自身结构和功能，并相应地改变自己的状态和行为，从而使材料系统始终以一种优化方式对外界变化作出恰如其分的响应。

1.2 智能材料在土木工程中的应用

土木工程应用中常见的智能材料有光导纤维、压电材料、压磁材料、形状记忆合金等。

1.2.1 光导纤维

光导纤维，简称光纤，是一种纤维状的光通信介质材料。其由外包层与纤芯构成（见图 1-1），凭借先进的信息传输技术，最初广泛应用于各类高要求的通信传输场景，且发展极为迅速。这得益于作为信息载体的光子，相较于电子，在传输速度、信息容量以及并行处理能力上具备显著优势，这些特性极大地挖掘了光纤在信息传输与处理领域的潜力。

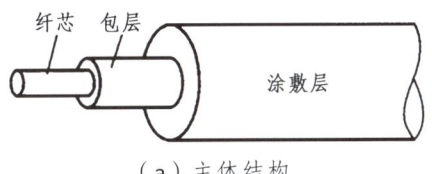 

（a）主体结构　　　　　　　　　　　　（b）外观

图 1-1　光纤结构

随着技术的不断发展，光纤在土木工程领域同样展现出了巨大的应用价值。光纤具有传输速度快、无信号衰减、信息容量大等优点，可用于监测、传感以及信息的远距离传输。当前，较为成熟的做法是将光纤埋入混凝土结构，充当传感元件，实现对混凝土结构全面、有效的监测、诊断与分析。

混凝土结构存在抗拉强度欠佳、钢筋易锈蚀等固有缺陷。此外，在大体积混凝土浇筑过程中，结构内外温差较大，极易产生温度裂缝。而将光纤作为传感元件埋入其中，便能实时监控混凝土的内外温差。一旦温差超过设计标准，光纤会迅速将信息反馈给管理人员并触发报警，以便工作人员及时采取调控措施，从而提升混凝土结构的施工质量。

不仅如此，通过将光纤与形状记忆合金等驱动元件一同埋入混凝土结构，并结合信息处理系统与控制元件，可使混凝土结构具备智能功能，实现自我诊断与修复。正因如此，在土木工程结构的诊断以及地震响应的主动控制方面，光纤成为设计传感器的理想材料。目前，我国已将其应用于三峡大坝的检测评定工作，为重大水利工程的安全运行提供了可靠保障（见图1-2）。

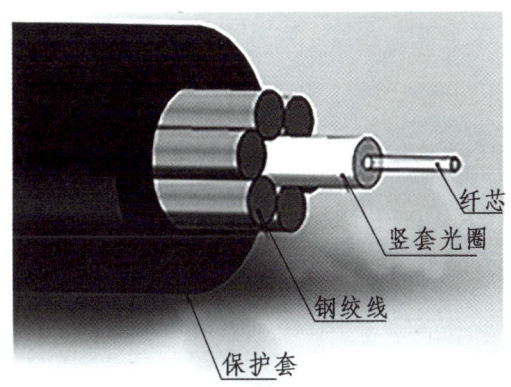

图 1-2　应用于三峡大坝监测用的光导纤维示意图

1.2.2　压电材料

压电材料是指受到压力作用时会在两端面间出现电压的晶体材料。在土木工程领域常将其用作对结构振动、形变等进行感知的元件。当前，对于压电材料的研究主要集中于实现对结构振动的主动控制，这也是未来的发展趋势。工程实际中常用作建筑物对噪声的主动控制、静变形控制的传感器，以及用于对建筑物结构安全性、健康状况进行监测和评定等。

利用压电材料的正压电效应所制成的压电传感器，以其成本低、响应快、结构简单、可靠性好，可以进行多种机械量的测量（如应力、应变、位移、加速度）等优点，在智能结构中应用广泛。近年来,国内外研究提出的基于压电传感器的损伤诊断方法主要分为两种:机械阻抗法和动力参数分析方法。

1. 机械阻抗法

系统受激振动后的响应只与系统本身的动态特性和激振的性质有关,所以可用机械阻抗综合描述系统的动态特性,这就是机械阻抗方法的基本原理。此法是一种理论和实验密切结合的方法,是一种进行实时诊断的健康监测技术,特别对局部初始损伤很敏感。常用的压电材料是压电陶瓷片(PZT,见图1-3),通过测量PZT电阻抗的变化来判断结构中的损伤状态,其做法:测出激振力和运动响应,经消除误差后用于①检验结构数学模型的正确性并改善其精度;②识别结构的模态参量(如固有频率、振型);③预示结构对已知的或假定的输入力的响应;④确定材料的动态特性;⑤预示相连结构的动态耦合特性;⑥从事振动监控或故障诊断。

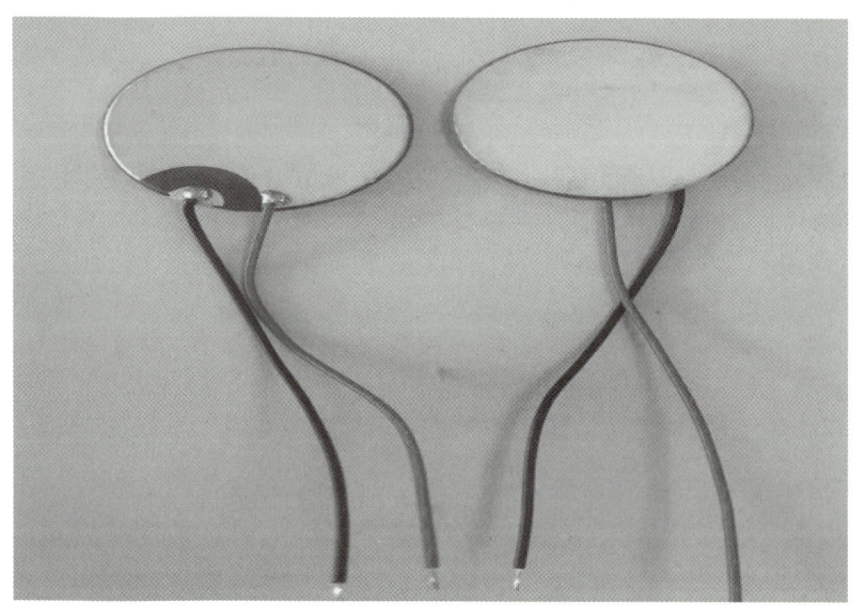

图1-3 压电陶瓷片(PZT)实物图

2. 动力参数分析方法

通过贴于结构上的压电驱动器产生激励,由压电传感器接收信号,将所得到的结构模态参数(振型、模态频率、阻尼、刚度等)或响应曲线(频域响应、时域响应、频响函数等)同未损伤状态结构参数相比较,根据参数的变化来判断结构的损伤(见图1-4)。该法虽已得到一些应用,但仍存在不足:①该法仅能检测到结构特定模态的损伤;②由于微小损伤对大型土木工程结构的模态参数影响很小,故该法不能有效鉴定诸如初始裂缝等损伤;③该法仅能发现对所研究模态参数有影响的损伤。

压电材料是目前智能结构系统研究中应用最多的一种传感和驱动材料,应用前景广泛。但压电智能结构还未实现工程实用化,理论仿真多、试验验证少,对复杂结构的研究还相当欠缺,在实际工程中应用的报道更少。

图 1-4　PZT 监测桥梁中混凝土开裂

1.2.3　压磁材料

在土木工程中,常用的压磁材料包括磁流变材料和磁致伸缩智能材料等。磁流变材料的工作原理是在外加磁场的作用下,磁流变液悬浮体系的流变性能发生变化,且当磁场强度高于临界场强时,磁流变体迅速由液态转变为固态,因此可在电视塔、超高层建筑以及大跨度桥梁中利用压磁材料的这一性质实现对地震的半自动控制,将地震对建筑物的破坏大幅降低。此外,磁致伸缩材料由于具有较强的磁致伸缩效应使其在电磁和机械之间可进行可逆转换,在土木工程领域的应用前景被广泛看好。

1.2.4　形状记忆合金

形状记忆合金是具有形状记忆效应的一种智能合金材料,在将其形状改变后,在一定的条件下其形状记忆效应可被激发出来,产生强大的回复应力和回复应变,同时形状记忆合金也具备较强的能量传输储存能力,因此在土木工程中可将其置于结构中,实现对结构的自我诊断、增加材料的韧性和强度等,在结构出现变形、裂缝、损伤以及受到外界振动影响时,较大部分的能量都可被形状记忆合金吸收并耗散掉,因此增加了结构的安全可靠性,最常用的是利用其这一优点实现对地震作用的被动控制。在工程实践中,将形状记忆合金安置于结构层间、底部或建筑物四角等受地震力作用较大部位,实现对地震能量的吸收和消耗。

本章思考题

1. 智能土木工程材料的特性有哪些?
2. 智能土木工程材料在土木工程中主要有哪些应用?

3. 光导纤维主要应用在哪些领域?
4. 压电材料在土木工程中主要应用在哪些领域?
5. 压磁材料在土木工程中主要应用于哪些领域?
6. 形状记忆合金在土木工程中主要应用于哪些领域?

第 2 章 形状记忆合金

形状记忆合金（shape memory alloys，SMA）是形状记忆材料中形状记忆性能最好的材料，由两种或两种以上金属元素所构成的材料，该材料通过热弹性与马氏体相变及其逆变而具有形状记忆效应（shape memory effect，SME）。1932 年，瑞典人奥兰德在金镉合金中首次观察到"记忆"效应，即合金的形状被改变之后，一旦加热到一定的跃变温度时，它又可以魔术般地变回到原来的形状，人们把具有这种特殊功能的合金称为形状记忆合金。经过 90 多年的发展，SMA 已发展成为普通 SMA、高温 SMA、磁性 SMA 和复合 SMA 等四大类 100 多种。由于其在各领域的特效应用，正广为世人所瞩目，被誉为"神奇的功能材料"。在工程和建筑领域，利用形状记忆合金的伪弹性性能和动阻尼特性，广泛应用在桥梁和建筑物中探测地震损害。随着薄膜形状记忆合金材料的出现和开发利用，形状记忆合金在智能材料系统中受到高度重视，应用前景更加广阔。

2.1 形状记忆合金的发展历史

记忆状合金作为一种新型材料，早在 20 世纪就被人发现。1932 年，瑞典人在金镉合金中首次观察到"记忆"效应，即可恢复金属，人们把这种合金称为形状记忆合金。图 2-1 中用 CuZnAl 记忆合金片制备的金属花，以热水或热风为热源，开放温度为 65 ~ 85℃，闭合温度为室温，花蕾直径 80 mm，展开直径 200 mm。

图 2-1 具有记忆功能金属制成的金属花

德国金属学家 Martens 发现：钢在奥氏体高温区淬火时，原来面心立方的奥氏体晶粒内原子以无扩散形式转变为体心立方结构，得到的组织以他的名字命名为马氏体。图 2-2 所示为体心立方和面心立方，体心立方为马氏体，面心立方为奥氏体。1938 年，美国哈佛大学的格里奈哥和穆拉迪安在 Cu-Zn 合金发现了马氏体的热弹性转变。随后，1951 年美国的里德等人在 Au-Cd 合金中发现了形状记忆效应。这是最早观察到金属形状记忆效应的报道。数年后，在 In-Ti 合金中观察到同样的现象。但当时，这些现象未能引起人们足够的兴趣和重视。

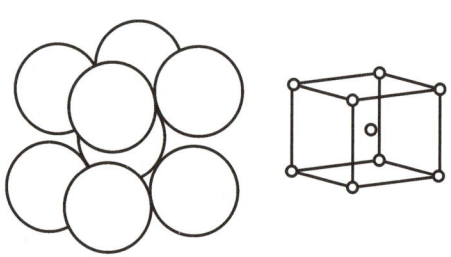

（a）体心立方

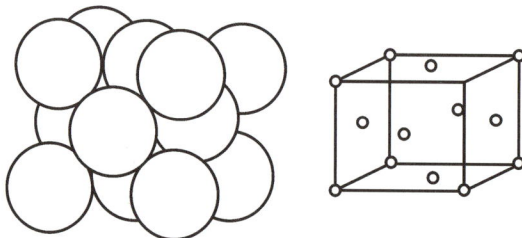

（b）面心方立

图 2-2　体心立方与面心立方的区别

至 1962 年，美国海军实验室在开发新型舰船材料时，发现了 Ni-Ti 合金中的形状记忆效应，可以把直条形的材料加工成弯曲形状，经加热后它的形状又恢复到原来的直条形，才开创了"形状记忆"的实用阶段。具体的变化如图 2-3 所示。

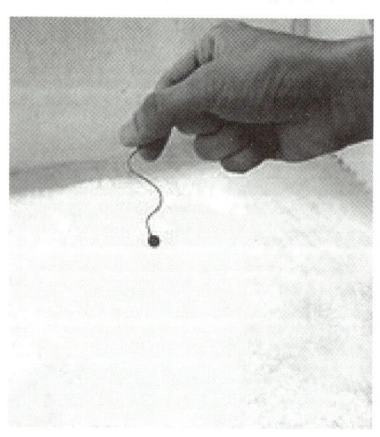

（a）原始形状

（b）拉直后状态　　　　　　　　（c）加热后恢复原始形状

图 2-3　形状记忆效应实验

  1969 年，美国一家公司首次将 Ni-Ti 合金制成管接头应用于美国 F14 战斗机上（见图 2-4）；1970 年，美国将 Ti-Ni 记忆合金丝制成宇宙飞船用天线（见图 2-5）。20 世纪 70 年代，相继开发出了 Ni-Ti 基、Cu-Al$_2$-Ni 基和 Cu-Zn-Al 基形状记忆合金；21 世纪又开发出了 Fe-Mn-Si 基、不锈钢基等铁基形状记忆合金，由于其成本低廉、加工简便而引起材料工作者的极大兴趣，大大激励了国际上对形状记忆合金的研究与开发。

图 2-4　F14 战斗机

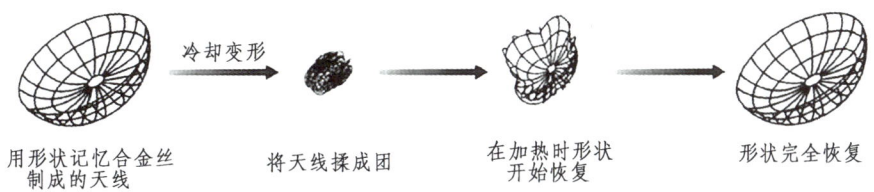

图 2-5　宇宙飞船用天线示意图

现今，高温形状记忆合金、宽滞后记忆合金以及记忆合金薄膜等已成为研究热点。几十年来，有关形状记忆合金的研究已逐渐成为国际相变会议和材料会议的重要议题，并为此召开了多次专题讨论会，不断丰富和完善了马氏体相变理论。同时，形状记忆合金的应用研究也取得了长足进步，其应用范围涉及机械、电子、土木工程、宇航、能源和医疗等许多领域。

从 SMA 的发现至今已有八十余年历史，美国、日本等国家对 SMA 的研究和应用开发已较为成熟，同时也较早地实现了 SMA 的产业化。我国从 20 世纪 70 年代末才开始对 SMA 的研究工作，起步较晚，但起点较高。在材料冶金学方面，特别是实用形状记忆合金的炼制水平已得到国际学术界的公认，在应用开发上也有一些独到的成果。但是，由于研究条件的限制，在 SMA 的基础理论和材料科学方面，尤其是在 SMA 产业化和工程应用方面的研究我国与国际先进水平尚有一定差距。

2.2 形状记忆合金的工作原理

2.2.1 马氏体的基本概念

马氏体最初是在钢（中、高碳钢）中发现的：将钢加热到一定温度（形成奥氏体）后经迅速冷却（淬火），得到的能使钢变硬、增强的一种淬火组织。1895 年法国人奥斯蒙（F. Osmond）为纪念德国冶金学家马滕斯（A. Martens），把这种组织命名为马氏体（Martensite）。人们最早只把钢中由奥氏体转变为马氏体的相变称为马氏体相变。20 世纪以来，对钢中马氏体相变的特征累积了较多的知识，又相继发现在某些纯金属和合金中也具有马氏体相变，如 Ce、Co、Hf、Hg、La、Li、Ti、Tl、Pu、V、Zr 和 Ag-Cd、Ag-Zn、Au-Cd、Au-Mn、Cu-Al、Cu-Sn、Cu-Zn、In-Tl、Ti-Ni 等。目前，广泛地把基本特征属马氏体相变型的相变产物统称为马氏体。

2.2.2 马氏体相变特征和机制

马氏体相变具有热效应和体积效应，相变过程是成核和长大的过程。但核心如何形成和长大，目前尚无完整的模型。马氏体长大速率一般较大，有的甚至高达 $10^5 \text{cm} \cdot \text{s}^{-1}$。人们推测母相中的晶体缺陷（如位错）的组态对马氏体形核具有影响，但目前实验技术还无法观察到相界面上位错的组态，因此对马氏体相变的过程，尚不能窥其全貌。

马氏体相变是无扩散相变之一，相变时没有穿越界面的原子无规行走或顺序跳跃，因而新相（马氏体）承袭了母相的化学成分、原子序态和晶体缺陷。马氏体相变时原子有规则地保持其相邻原子间的相对关系进行位移，这种位移是切变式的（见图 2-6）。原子位移的结果产生点阵应变。这种切变位移不但使母相点阵结构改变，而且产生宏观的形状改变。

1. 无扩散性

马氏体相变属于一种广义的位移型无扩散相变，这意味着在相变过程中没有原子穿越界面进行无规行走或顺序跳跃，新相（马氏体）承袭了母相的化学成分。这种无扩散的特性使得马氏体相变与那些涉及原子重新排列或通过扩散进行相变的相变区分开来。替换原子经无扩散切变位移（均匀和不均匀形变），并由此产生形状和表面浮突、呈不变平面应变特征的一级、形核、长大型相变。

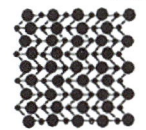
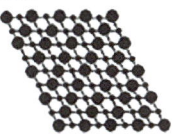
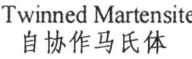

图 2-6 马氏体相变中晶体结构的变化

2. 以切变为主，具有表面浮突现象

马氏体相变以切变位移为其特征，新旧相之间存在一定的位向关系，保持了界面连续和共格（见图 2-7）。这种切变共格性是马氏体相变独有的特征，它与那些不涉及切变或位向关系变化的相变形成了鲜明的对比。

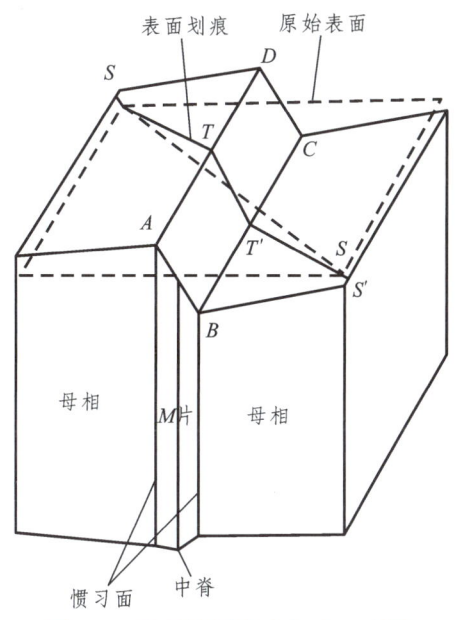

图 2-7 马氏体相变中切变示意图

3. 具有一定位向关系

在钢材中，奥氏体和马氏体的晶粒方向是相互平行的。这意味着，奥氏体和马氏体的晶粒方向是相同的，且在晶粒中的晶格定向也非常接近。这种相似性表明，奥氏体和马氏体之间存在着某种程度的相互转变关系。马氏体相变中的位向关系主要包括 K-S 位向关系、G-T 模型和西山关系。

K-S 位向关系是一种常见的表示方法，用于描述马氏体相变中新旧相之间的晶体学位相关系（见图 2-8）。具体而言，K-S 位向关系可以表示为（111）奥氏体∥（011）马氏体，[-101

奥氏体∥[-1-11]马氏体。这种位向关系表明，在马氏体相变过程中，母相的{111}面将转变成新相的{110}面，母相的<110>将转变成<111>方向。这种位向关系的存在，使得马氏体相变具有特定的晶体学特征，从而影响了材料的物理和化学性质。

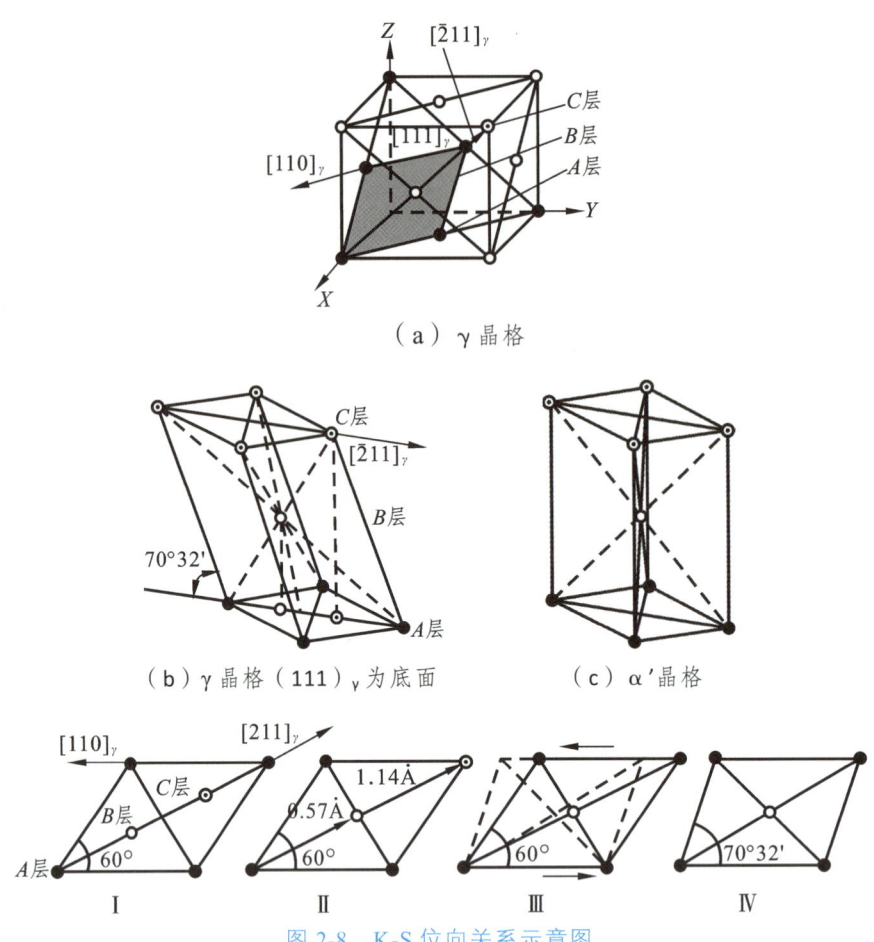

图 2-8　K-S 位向关系示意图

G-T 模型是另一种重要的位向关系模型，用于描述马氏体相变中的晶体学位相关系（见图 2-9）。G-T 模型的具体参数和细节可能因材料和具体条件而异，因此在不同的文献中可能有不同的表述。然而，G-T 模型同样强调了马氏体相变中新旧相之间的特定位向关系，这对于理解马氏体相变的晶体学特征和预测相变后的材料性能至关重要。

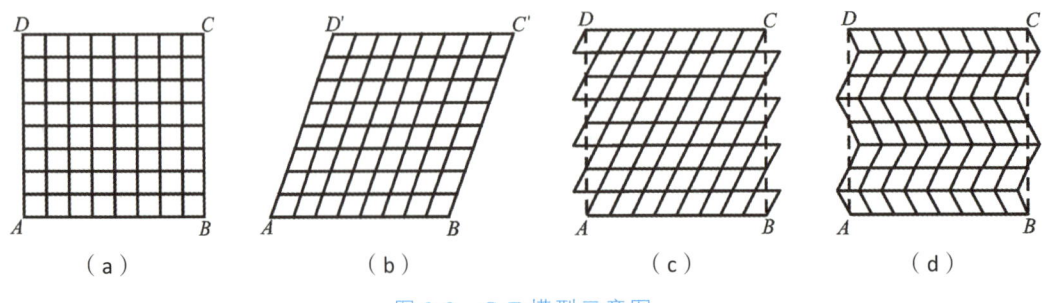

图 2-9　G-T 模型示意图

西山关系是西山（Z. Nishiyama）在测定 FeNi 合金马氏体相变时发现存在的位向关系：$\{111\}\gamma//\{110\}M$，$\{112\}\gamma//\{110\}M$。由于马氏体相变时原子规则地发生位移，使新相（马氏体）和母相之间始终保持一定的位向关系。西山关系与 K-S 关系相位关系如图 2-10 所示。

这些位向关系的存在，不仅揭示了马氏体相变过程中的晶体学位移和取向变化，而且为理解和控制马氏体相变提供了重要的理论基础。

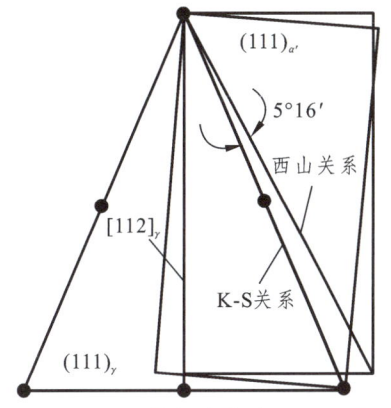

图 2-10　马氏体相变位向关系示意图

4. 惯习面在相变过程中不畸变不转动（即不变平面）

马氏体相变时在一定的母相面上形成新相马氏体，这个面称为惯习面，它往往不是简单的指数面。马氏体形成时和母相的界面上存在大的应变，为了部分地减少这种应变能，会发生辅助的变形。在马氏体周围的母相（奥氏体）中形成密度很高的位错，这是在马氏体相变时，母相发生协作形变而形成的。马氏体惯习面如图 2-11 所示。

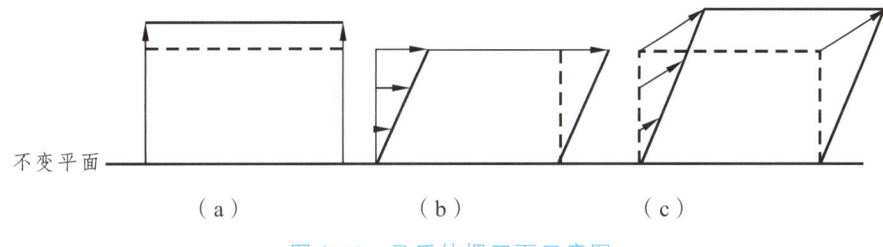

图 2-11　马氏体惯习面示意图

2.2.3　马氏体相变的主要形态

通过薄膜透射电子显微技术，人们对马氏体的形态及其精细结构进行了详细的研究，发现钢中马氏体形态虽然多种多样，但就其特征而言，大体上可分为板条状马氏体和片状马氏体两大类。

1. 板条状马氏体

板条状马氏体是低、中碳钢，马氏体时效钢，不锈钢等铁系合金中形成的一种典型的马氏体组织。低碳钢中的典型组织如图 2-12 所示。

因其显微组织是由许多成群的板条组成，故称为板条状马氏体。对某些钢因板条不易浸蚀显现出来，而往往呈现为块状，所以有时也称之为块状马氏体。又因为这种马氏体的亚结构主要为位错，通常也称它为位错型马氏体。这种马氏体是由若干个板条群组成的，也有群集状马氏体之称。每板条群是由若干个尺寸大致相同的板条所组成，这些板条呈大致平行且方向一定的排列。根据研究，板条状马氏体显微组织的晶体学特征可以用图2-12（b）表示，其中A是由平行排列的板条状马氏体束组成的较大的区域，称为板条群。一个原始奥氏体晶粒可以包含几个板条群（通常为3~5个）。在一个板条群内又可分成几个平行的像图2-12（b）中B那样的区域。当用某些溶液腐蚀时，此区域有时仅显现出板条群的边界，而使显微组织呈现为块状，块状马氏体即由此而得名。

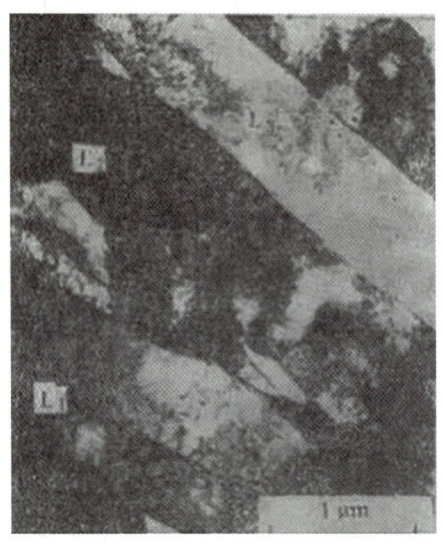

（a）低碳合金钢的薄膜透射显微组织

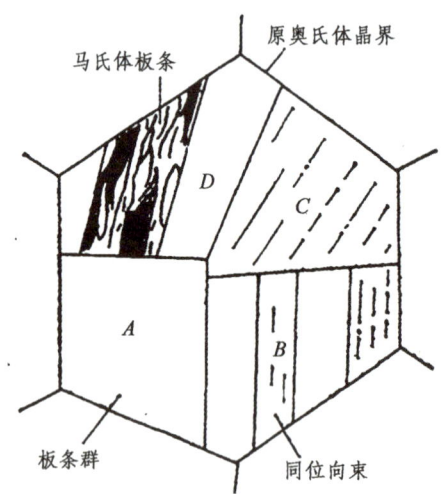

（b）板条状马氏体显微组织的晶体学特征

图2-12 板条状马氏体显微组织的晶体学特征

2. 片状马氏体

铁系合金中出现的另一种典型的马氏体组织是片状马氏体，常见于淬火高、中碳钢及高

Ni 的 Fe-Ni 合金中。高碳钢中典型的片状马氏体组织如图 2-13（a）所示。这种马氏体的空间形态呈双凸透镜片状，所以也被称为透镜片状马氏体。因与试样磨面相截而在显微镜下呈现为针状或竹叶状，故又称为针状马氏体或竹叶状马氏体。片状马氏体的亚结构主要为孪晶，因此又称其为孪晶型马氏体。片状马氏体的显微组织特征为片间不相互平行。在一个成分均匀的奥氏体晶粒内，冷至稍低于 M_s 点时，先形成的第一片马氏体将贯穿整个奥氏体晶粒而将晶粒分割为两半，使以后形成的马氏体大小受到限制。因此，片状马氏体的大小不一，越是后形成的马氏体片越小，如图 2-13（b）所示。

（a）低碳合金钢的薄膜透射显微组织

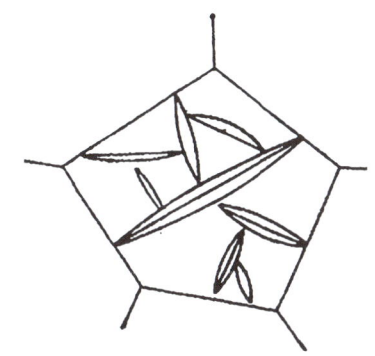
（b）片状马氏体显微组织的晶体学特征

图 2-13　片状马氏体显微组织的晶体学特征

2.2.4　马氏体相变的可逆性

马氏体相变具有可逆性，将马氏体向高温上的转变称为逆转变或反相变。碳钢中的马氏体因其加热时极易分解，所以到目前为止尚未直接观察到它的逆转变。但在一系列铁合金和非铁合金的马氏体相变中均已观察到逆转变的存在，并且在逆转变中也观察到了表面凹凸现象，凹凸的方向正好和正相变相反。已发现具有可逆马氏转变的合金包括：Fe-Ni，Fe-Mn，Cu-Al，Cu-Au，In-Tl，Au-Cd，Ni-Ti 等。这些合金中的马氏体可逆转变，按其特点不同，可分为热弹性马氏体的可逆转变和非热弹性马氏体的可逆转变两类。热弹性马氏体的可逆转变是近代发展形状记忆材料的基础。而非热弹性马氏体的可逆转变则导致材料的相变冷作硬化，成为材料强化的途径之一。

当母相冷却时在一定温度开始转变为马氏体，把这个温度标作 M_s，加热时马氏体逆变为母相，将开始逆变的温度标为 A_s。图 2-14 中表示 Fe-Ni 和 Au-Cd 合金的 M_s 和 A_s，它们所包围的面积称为热滞面积，可见 Fe-Ni 马氏体相变具有的热滞大，而 Au-Cd 则很小。相变时的协作形变为范性形变时，一般热滞较大；而为弹性形变时，热滞很小。像 Au-Cd 这类合金冷却时马氏体长大、增多，一经加热又立即收缩，甚至消失。因此，这类合金的马氏体相变具有热弹性，称为热弹性马氏体相变。

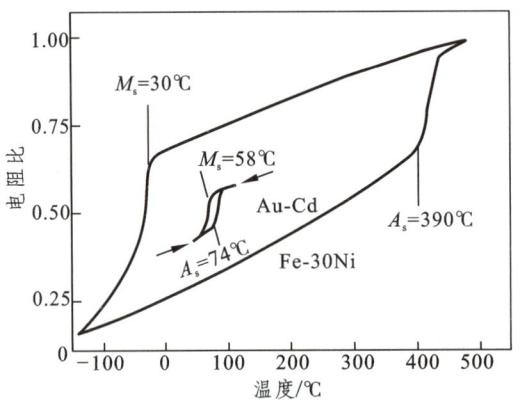

图 2-14 马氏体相变可逆性示意图

2.3 形状记忆合金在土木工程中的应用

随着社会和经济的快速发展，土木工程作为国民经济建设的重要支柱，其技术水平和应用材料在不断创新和进步。土木工程在要求建筑物具备足够的安全性和稳定性外，还要求具备高效、节能和环保等性能。土木工程领域对新型材料的需求日益迫切，特别对那些具有独特性能、能够适应复杂环境变化的材料。近年来，随着力学、材料学以及土木工程技术的不断进步，形状记忆合金在土木工程领域的研究与应用逐渐深入，形状记忆合金在结构抗震、桥梁工程、智能材料系统等方面的应用越来越广泛，提高了土木工程结构的性能、安全性和智能化水平。形状记忆合金作为一种新型智能材料，具有独特的形状记忆效应、超弹性、阻尼性能，并具有很好的稳定性、耐腐蚀性和抗疲劳性能，为其在土木工程领域应用提供了广阔的应用前景。例如，形状记忆合金在高层建筑中可以用其记忆功能，对结构的振动加以控制，改善结构的受力性能，提高建筑物的抗震性能；在桥梁工程中，可以利用形状记忆合金的智能驱动功能，实现桥梁的自适应调节和智能控制，并可以用于修复和加固桥梁结构，延长桥梁的使用寿命；在地下工程中，形状记忆合金可以用于管道防腐和防漏等；在道路工程中，可以充分利用记忆合金的耐磨性和耐腐蚀性，提高路面的使用寿命和维修效率。

随着形状记忆合金制备技术的不断改进和制作成本的不断减少，在土木工程中的应用将更加广泛和普及。未来，形状记忆合金必将成为土木工程领域的重要材料，可为土木工程的发展注入新的活力和动力，从而推进土木工程领域的发展和进步。

2.3.1 形状记忆合金在土木工程中的理论分析

形状记忆效应和超弹性是形状记忆合金的主要特征，也是其应用于土木工程的基础。形状记忆效应是材料在马氏体状态下发生塑性变形后，在升温过程中能够恢复到原始形状的特性。这一特性可以将形状记忆合金作为驱动器，在土木工程结构中实现结构控制。超弹性是指形状记忆合金在力的作用下产生较大的变形，撤去外力后其能够迅速恢复原始状态的能力，超弹性使得形状记忆合金在承受循环荷载时具有优异的耐疲劳性能，该特性能够为土木工程结构提供很好的自恢复能力。

在土木工程应用过程中，需要根据工程需求选择合适的形状记忆材料类型和规格。不同类型的形状记忆合金具有不同的形状记忆效应和超弹性性能，所以要根据土木工程具体的应用场景进行选择。形状记忆合金的核心特性是其形状记忆效应,即材料能够在一定条件下改变形状,并在随后的环境条件改变下恢复到原始形状。这一特性源于形状记忆合金内部马氏体相变,通过控制温度和应力条件,实现形状记忆合金的可逆形变。形状记忆合金还具有良好的阻尼性能。在受到振动和冲击时,合金能够通过内部晶体结构的变化吸收和耗散能量,从而减少结构的振动响应,提高结构的抗震性能。除此之外,形状记忆合金还具有较高的耐腐蚀性能和良好的机械性能,能够在比较恶劣的环境下长期保持其性能稳定。

2.3.2 形状记忆合金在土木工程中的设计应用

在结构设计方面,形状记忆合金作为机构的增强材料或智能元件,通过合理的布局和设计,实现结构的自调整、自修复和自适应功能。比如,在桥梁工程中,可以用形状记忆合金制作伸缩缝装置,通过合金的形状记忆效应实现桥梁长度的自动调节。在建筑工程中,可以应用形状记忆材料制作智能阻尼器,利用其超弹性性能减少结构在地震等自然灾害中的振动响应。在基于形状记忆合金的土木工程结构设计方法中,还要考虑形状记忆合金的材料特性、加工工艺、成本等因素。随着形状记忆合金制备技术的不断更新,其制作成本逐渐降低,在土木工程领域的应用将越来越广泛,在设计领域的应用也将越来越多。

1. 形状记忆合金在桥梁工程中的应用

桥梁工程作为交通工程的重要组成部分,其安全性能和耐久性能对保持交通安全非常重要。形状记忆效合金应通过其形状记忆效应,可以实现桥梁结构损伤的自修复。当桥梁受到外力作用产生裂缝时,形状记忆合金材料可以在温度变化下恢复原始形状,填充裂缝空隙,从而提高桥梁的耐久性。形状记忆合金根据其超弹性特性,可以被制作为桥梁减震装置,减少地震等灾害对桥梁结构的影响(见图 2-15)。

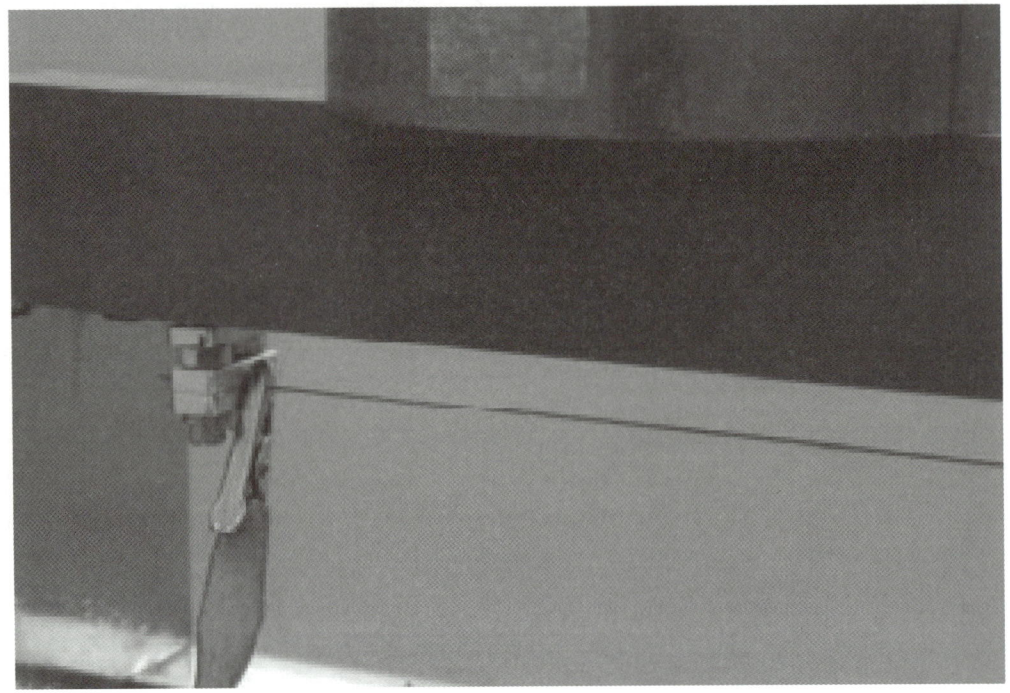

图 2-15　利用形状记忆合金（Ni-Ti 合金丝）恢复梁的裂缝试验

利用形状记忆合金的形状记忆效应、电阻率大、对应变敏感等特点，把形状记忆合金丝植入混凝土，可以制成形状记忆合金机敏混凝土，实现对混凝土裂缝的自监测（见图 2-16）。即随着混凝土中裂纹的不断扩展，位于构件裂纹处的形状记忆合金的变形也不断扩大，相应的电阻值不断增高，通过电阻值的变化量和变化规律，便可判断出裂纹的具体位置和大小。同时，可以通过其形状记忆及回复效应进行自调整，防止构件裂纹和损伤的进一步发展，有效地延长混凝土结构的使用寿命。

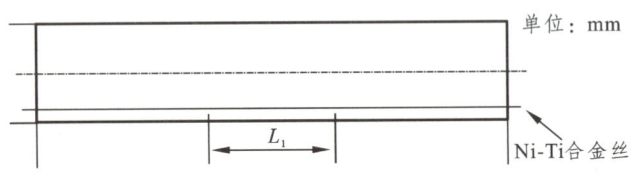

图 2-16　形状记忆合金埋入混凝土梁示意图

阿拉斯加路高架桥在替换桥北侧的匝道桥的桥墩时使用了形状记忆合金和纤维混凝土（见图 2-17）。匝道桥桥墩高度为 5 m 和 5.8 m，截面尺寸为 1.5 m × 1.5 m。中间的 2 个桥墩上使用了形状记忆合金钢筋，墩柱的塑性铰区域采用高延性纤维混凝土浇筑。形状记忆合金的作用是减小桥墩的残余位移，高延性纤维混凝土的作用是避免地震荷载引起的破坏。

通过结合记忆合金金属杆和可弯曲的混凝土复合材料，西雅图与里诺交界的一个新建的高速路斜坡出口成为了世界上第一个在遇到强震摇摆后，仍能恢复到原始结构形状的桥梁。在地震实验室测试中，使用记忆合金镍/钛棒和可弯曲的混凝土复合材料建造的桥梁柱在强度达到 7.5 级的地震后仍能恢复到其原始形状。

图 2-17　阿拉斯加路高架桥

2. 形状记忆合金在建筑工程中的应用

SMA 记忆合金丝还被用来制作各种形式的阻尼器（见图 2-18），用于结构控制，包括主动控制、半主动控制及被动控制。形状记忆合金丝自身相变引起的超弹性滞回环的产生，使得材料具有极高的抗疲劳性。最有价值的是 CT 阻尼器，提供了一个刚度几乎接近于零的纯库伦阻尼器。

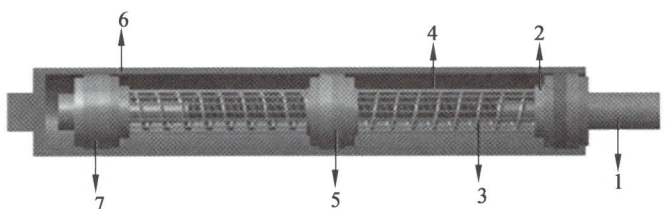

1—内杆；2—滑动挡板；3—预压单簧；4—SMA 丝组；5—内锚；6—外筒；7—外锚。

图 2-18　SMA 自复位阻尼器构造示意图

Han 等提出了一种由两根钢丝和一根 Ni-Ti SMA 丝组成的耗能阻尼器（见图 2-19），通过在两层钢框架算例中（见图 2-20）安装 8 个该 SMA 阻尼器进行结构响应分析，结果表明，使用该阻尼器以后，可有效降低结构在自由振动下的动态响应，并提升结构加速度时程的衰减速率。

图 2-19　SMA 耗能阻尼器

SMA 耗能器的主要作用是安装在结构层间，使 SMA 丝随结构振动产生拉伸弹塑性变形，消耗结构在地震作用下的振动能量，从而减小结构的振动响应。SMA 耗能器主要有拉伸型和剪刀型两种。

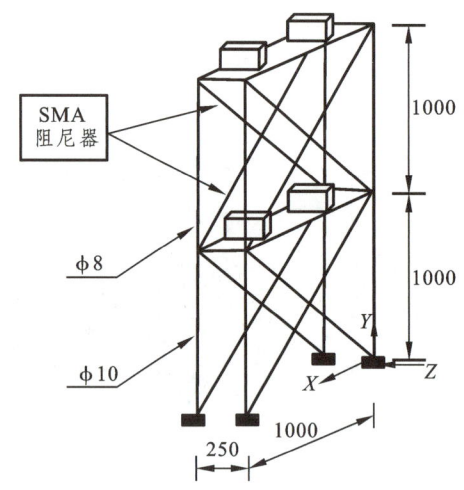

图 2-20　安装有 SMA 耗能阻尼器的二层钢框架

拉伸型 SMA 耗能器的工作原理（见图 2-21）：T 形钢板左右两端有两块垂直放置的可动挡板，Ni-Ti 丝纵向穿过 T 型钢板及两端的可动挡板并在板的另一侧用夹具锚固，这样，可动挡板通过 Ni-Ti 丝的连接紧紧顶在 T 型钢板的左右两端。T 型钢板通过斜撑与本层框架顶部相连，当结构在地震作用下发生振动时，T 型钢板随结构斜撑一起水平移动并与结构层间变形相等。

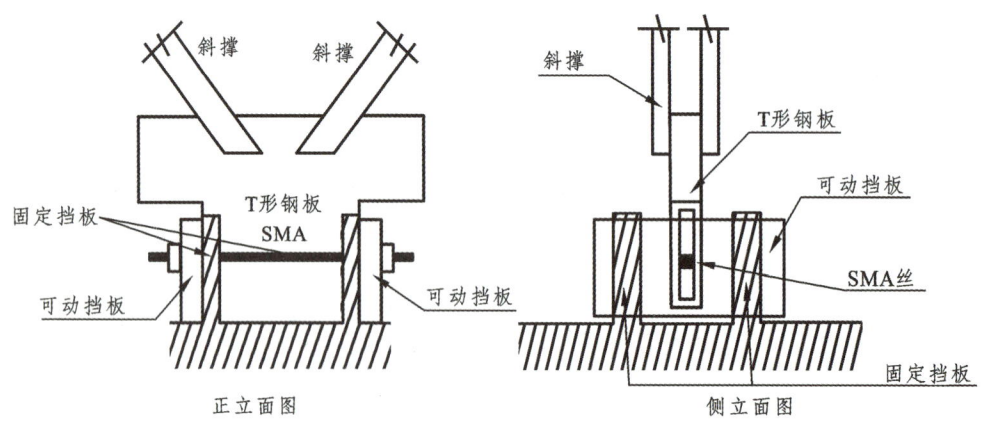

图 2-21　拉伸型 SMA 耗能器

剪刀型 SMA 耗能器的工作原理类似于一把"剪刀"（见图 2-22），两块可动挡板通过固定转轴联结，组成两个"剪刀臂"，两个"剪刀臂"由一根 Ni-Ti 丝联结。活动挡板通过斜撑与本层框架顶部相连，当结构在地震作用下发生振动时，活动钢板随结构斜撑一起水平移动并与结构层间变形相等。

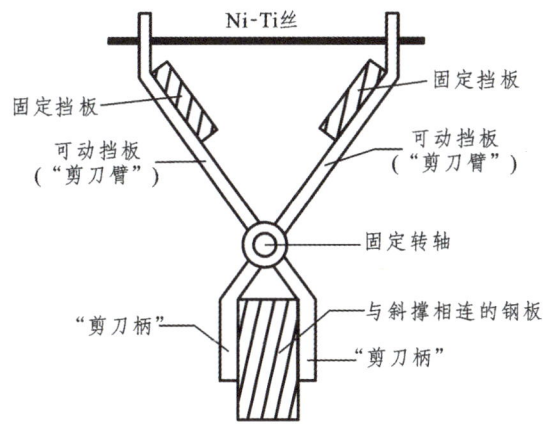

表 2-22　剪刀型 SMA 耗能器

总而言之,智能材料的引入应用,使土木工程这个传统的专业又焕发出更多的生机和活力。

本章思考题

1. 形状记忆合金的工作原理是什么?
2. 形状记忆合金发展史中几个关键的发现是什么?
3. 形状记忆合金在土木工程中的应用主要有哪些形式?
4. 形状记忆合金在结构自修复中的应用主要有哪几种形式?
5. 形状记忆合金在智能混凝土中的应用主要有哪几种形式?
6. 形状记忆合金在结构抗震中的应用主要有哪几种形式?

第 3 章 智能纤维材料

纤维的发展历史最早可以追溯到 5000 年以前的天然纤维，如起源于我国和印度的丝和棉。丝是一种天然高分子材料，在我国有着悠久的历史，于 11 世纪传到阿拉伯、波斯、埃及，并于 1470 年传到意大利的威尼斯，从而进入欧洲。粘胶纤维是人造纤维素纤维中最早的品种，早在 1883 年，英国科学家约瑟夫·斯旺得出：把硝醋酸和醋酸纤维素混合，然后把混合物从一系列微小孔眼中挤压出来，就能制造出纤维。与此同时，法国的坎特·希拉勒·德·查东内特也通过孔眼挤出硝酸纤维素，以制造一种连续的细丝。查东内特称之为"人造丝"，硝酸纤维素浸透后置于酒精和醚中溶解，以形成一种叫作胶棉的物质，它可挤压成人造纤维，并闻名于世。1905 年，英国建成第一个粘胶纤维生产工厂。

现在纤维早已不再单一局限于服饰上的应用，在航天、航空、电子、电信、建筑等多个领域也发挥着重大作用。同时，也正是为了适应多领域、多环境的需求，纤维正向着高性能化、高功能化、智能化方向发展。

3.1 智能纤维材料的发展历史

智能纤维是一类具备感知外界环境（力学、热、化学、光、湿度、电磁等）或内部状态所发生的变化，并做出相应反应的纤维。智能纤维具有自适应和自调节的特性。智能纤维的种类包括光导纤维、导电纤维、形状记忆纤维、智能凝胶纤维等。智能纤维分为两类：第一类实际上仅有对外界刺激感知的能力，如光导纤维和导电纤维。第二类则具有对外界刺激感知和相应的能力，如形状记忆纤维、智能凝胶纤维、蓄热调温纤维和变色纤维等。

3.1.1 光导纤维的发展历史

1. 定义

光导纤维简称光纤，指的是一种把光能封闭在纤维中，从而产生导光作用的光学复合材料。光导纤维利用全反射的原理把以光的形式出现的电磁波能量约束在其界面中，并引导光波使其沿着光纤的轴线方向前进。光导纤维的结构和材料决定其传输的特性。

2. 发展历程

1870 年，英国的丁达尔首先通过实验观察到光线沿弯曲水柱传播的现象。1929 年美国的哈塞尔，1930 年德国的拉姆，先后都制成了石英纤维，并在短距离内观察到了光线和图像经过石英纤维传输的现象。

1953 年，荷兰的范希尔和美国的卡帕尼首制成了玻璃（芯）-塑料（涂层）光导纤维。1955 年，美国的希斯肖威兹制成了玻璃（芯）-玻璃（涂层）光导纤维。1958 年，卡帕尼利用拉制复合纤维的工艺制作了高分辨率的光导纤维面板；1960年，又采用排列工艺制作了光导纤维传像束，并成功地应用于医疗器械中。1970年，美国科宁玻璃公司首先制成了世界上第一根低损耗光导纤维。1972年，美国贝尔实验室研发了制作低损耗光导纤维的新工艺——化学气相沉积（CVD）法。从此开启了低损耗光导纤维波导研究的新阶段。1964年，日本的西泽和佐佐木提出了一种新型的光导纤维——变折射率（渐变型）光导纤维，有聚光、成像的作用。此外，自从1977年正式提出光导纤维传感器以来，由于它具有灵敏度高、机动性大、抗电磁干扰、工艺简单等优点，光导纤维传感器发展很快。同时，随着激光通信和空间科学的发展，红外光导纤维和塑料光导纤维也取得了很大的发展。从20世纪60年代开始，光导纤维的制造已从实验室进入工业生产，随着有关基础理论和工艺的不断发展和完善，对光导纤维的性质和应用的研究已发展成为当代一个重要的科技领域——纤维光学。

3. 分类

按照不同的划分依据，可以将光导纤维分为不同的类型，主要有按照所使用的材质分类、按传输模式的数量分类、按纤芯折射率分布分类、按传递光波长分类、按形状和柔性分类，以及按应用分类，如表3-1所示。

表3-1 光导纤维的分类及特点

划分依据	种类	特点
按使用材质分	石英玻璃光纤	主要应用于较长距离的光通信领域，取代同轴电缆和微波通信，又可分为石英光纤、氟化玻璃光纤和硫化玻璃光纤等
	塑料光纤	按所使用的聚合物种类，又可分为聚甲基丙烯酸甲酯光纤、聚苯乙烯光纤、含氟透明树脂光纤和氘化PMMA等
按传输模式数量分	单模光纤	只能传输一种模式
	多模光纤	能传输多种模式
按纤芯折射率分布分	阶跃折射率型	纤芯的折射率是均匀的，入射光线在纤芯和包层间界面产生全反射，因此呈锯齿状曲折前进，所以又称为全反射型光导纤维或突变指数型纤维
	梯度折射率型	纤芯折射率从中心轴线开始向着径向逐渐减小。因此，入射光线进入光纤后，偏离中心轴线的光将呈曲线路径向中心集束传输，光束在梯度型光导纤维中传播时，形成周期性的汇聚和发散，呈波浪式曲线前进。故梯度型光导纤维又称为聚焦型光导纤维或渐变指数型纤维
按传递光波长分		分为可见光、红外线、紫外线、激光等光导纤维
按形状和柔性分		分为可挠性和不可挠性光导纤维
按应用分	传感光纤	用于制造光纤传感器，具有灵敏度高、抗干扰性强的优点
	传光光纤	用于传输激光，已在激光加工、激光医疗等设备上发挥作用
	激光光纤	用作高增益的光纤激光器和放大器

3.1.2 导电纤维的发展历史

1. 定义

所谓导电纤维，一般是指在温度为 20 ℃、相对湿度为 65%的条件下，体积比电阻小于 $1 \times 10^8 \Omega \cdot cm$ 的纤维。

2. 发展历程

最早的导电纤维是利用金属的导电性能制成的金属类导电纤维，主要有不锈钢纤维、铜纤维和铝纤维。这类纤维的导电性能优良，且耐热、耐化学腐蚀。但制造困难，尤其是较细的单丝造价很高，与普通纤维混纺加工难度大，性能也较差。另外，采用金属喷涂法，也可使纤维具有导电性。其后出现的碳素纤维具有良好的导电性、耐热性、优良的耐化学药品性和高初始模量，但纯碳素纤维的力学性能，比如径向强度等就显得很不理想，因而限制了它的用途。因此，人们不断探索开发其他类型的导电纤维，如利用具有良好的导电性能的金属化合物制造导电纤维，这些金属化合物有铜、银、镍和镉的硫化物和碘化物，利用这些金属化合物与成纤高聚物共用或复合纺丝，也可用吸附法或化学反应法将金属化合物处理在纤维里，制成导电性能优良的导电纤维。

非金属合成导电纤维是在合成纤维的表面涂覆炭黑而制成。1980 年开始了导电纤维的白色化研究。日本帝人公司首先研制成功一种无色的可染色导电纤维，为导电纤维的使用开辟了新的途径。20 世纪 70 年代聚乙炔导电高聚物的产生，打破了高分子材料是绝缘材料的这一传统观念，以后相继产生了聚苯胺、聚吡咯、聚噻吩等高分子导电材料。如何利用导电性高聚物制备导电纤维越来越受到人们的关注，人们开始采用直接纺丝法和后处理法来制造导电高分子型的导电纤维。

3. 分类

（1）根据导电成分在导电纤维中的分布情况分类。

根据导电成分在导电纤维中的分布情况可以分为导电成分均一型、导电成分覆盖型、导电成分复合型与导电成分混合型等四大类。其种类、材料组成与制备方法如表 3-2 所示。

表 3-2 导电纤维的种类、材料组成与制备方法

分类	导电纤维	制备方法
导电成分均一型	金属纤维	将金属丝多次通过模拉成细丝
	碳素纤维	将聚丙烯腈纤维、粘胶纤维、沥青纤维炭化而成
导电成分覆盖型	以金属覆盖的有机纤维	用电镀或真空蒸着法将金属涂在有机纤维表面（例如，银沉淀在尼龙纤维表面）
	用导电性树脂覆盖的有机纤维	在聚酯纤维表面形成含分散导电微粒的有机层
	芯-鞘型复合纤维鞘层导电	用复合纺丝技术将含导电微粒的组分作鞘层的聚酯复合纤维

表 3-2 导电纤维的种类、材料组成与制备方法

分类	导电纤维	制备方法
导电成分复合型	芯鞘型复合纤维芯层导电	以含分散炭黑的聚乙烯为芯，尼龙66为鞘的芯鞘型复合纤维
	三层同心圆复合纤维其中层导电	中层为含导电微粒聚合物的三层同心圆型复合纤维
	一个组分含导电微粒的并列型复合纤维	导电层露出在纤维表面的尼龙66并列型复合纤维
	导电成分作岛的海岛型复合纤维	导电炭黑分散在聚酯中作岛与以聚酯为海的海岛复合型纤维
	导电成分作芯的多芯型复合纤维	以导电微粒的有机组分为芯的聚丙烯系多芯型复合纤维
	镶嵌放射型复合纤维	以含导电微粒为组分之一的镶嵌型复合纤维
导电成分混合型	有导电炭黑的聚丙烯酯等	如混有导电炭黑的聚丙烯酯纤维等

（2）根据导电纤维的特点分类。

根据导电纤维的特点，可以分为金属系导电纤维、炭黑系导电纤维、导电高分子性纤维和金属化合物型导电纤维四大类。

① 金属系导电纤维。

金属系导电纤维是利用金属的导电性能而制备的，主要制备方法是直接拉丝法，可以制备直径为 4～16μm 的纤维，通过将金属线反复过模具、拉伸而成。制备金属纤维的材料有不锈钢、铜和铝等。还有一种制备方法是切削法，主要是将金属直接切削成纤维状细丝。一般情况下，金属纤维不单独使用，而是与普通纤维混纺制备具有导电性织物。再一种制备方法是金属喷涂法，主要是先对普通纤维进行表面处理，再用化学电涂法或真空喷涂将金属沉积在纤维的表面，从而使纤维具有一定的导电性。

金属系导电纤维是导电性最好的一种纤维，其导电性接近于纯金属，但是金属纤维的抱合困难，手感差，纤维混纺不匀，限制了金属纤维的进一步推广使用。目前，金属系导电纤维主要应用在一般孕妇服、电脑防护服等防辐射服装上，具有耐磨、抗老化、可反复洗涤、可染成各种颜色等优点。

② 炭黑系导电纤维。

炭黑系导电纤维是利用炭黑的导电性能而制备的导电纤维，主要有掺杂法、涂层法与纤维的炭化处理三种制备方法。

③ 导电高分子性纤维。

高分子材料通常被认为是绝缘体，制备导电纤维的主要方法有导电高分子材料的直接纺丝法与后处理法两种。

④ 金属化合物型导电纤维。

大部分金属化合物均有良好的导电性能，金属化合物型导电纤维正是利用金属的特性来

生产的，目前应用也是最多的。在金属中使用最多的就是铜的碘化物和硫化物，如硫化铜、碘化亚铜、硫化亚铜等都是具有很好导电性能的物质，利用导电化合物制备导电纤维的主要方法有混合纺丝法、吸附法和化学反应法三种。

3.1.3 形状记忆纤维的发展历史

1. 定义

形状记忆纤维是一种在第一次成型后，能记忆外界赋予的初始形状，定形后的纤维能够任意产生形变，并在较低温度下将此形变固定（二次成型）或者是在外力的强迫下将此变形固定的纤维。当给予变形的纤维加热或水洗等外部刺激条件时，形状记忆纤维可恢复原始形状，也就是说最终的产品具有对纤维最初形状记忆的功能。形状记忆纤维，是指在特定条件（如湿度）下具有形状记忆功能的纤维总称。迄今为止，研究和应用最普遍的形状记忆纤维是Ti-Ni合金纤维，这种纤维较好地应用了形状记忆合金的原理。

2. 发展历程

人们在20世纪30年代就发现某些合金在加热和冷却过程中，马氏体会随之收缩与长大，一直到1963年美国海军兵器研究所Bueler博士发现，Ni和Ti制成的合金丝，具有良好的形状记忆效应。此后人们陆续发现Cu-Zn、Cu-Al-Ni、Cu-Sn等多种合金均具有形状记忆效应，由此引起了广泛的研究，至今发现的记忆合金已达几十种之多。近年来，形状记忆合金纤维以其不可替代的形状记忆效应和超弹性两大特性得以广泛应用。

3. 分类

形状记忆效应是指材料在较高温度时保持一定的形状，在低温时受到外力作用使其产生变形，外力去除后变形不能完全恢复，此时对材料进行加热可以使原残余变形消失并恢复到材料高温时的状态。

形状记忆效应分为单程形状记忆、双程形状记忆和全方位形状记忆（见表3-3）。单程形状记忆是指材料受热恢复到高温状态后再进行冷却或加热，材料形状不变。如果对材料进行特殊的时效处理，在随后的冷却和加热循环中，能够重复地记住高温状态和低温状态，则成为双程形状记忆。某些合金在实现双程形状记忆效应的同时，持续冷却到更低温度，可出现与高温时完全相反的形状，称为全方位形状记忆。

表3-3 形状记忆效应分类

类别	初始形状	低温变形	加热	冷却
单程				
双程				
全方位				

除了热刺激方法使纤维产生形状记忆效应外，通过光能、电能、声能、湿度等物理因素以及pH值、螯合反应等化学因素和相变反应等刺激，也可使纤维产生形状记忆效应。相应

的纤维称为电致形状记忆纤维、光致形状记忆纤维、湿致形状记忆纤维和 pH 值响应形状记忆纤维等。

3.1.4 智能凝胶纤维的发展历史

某些凝胶纤维能在外界条件的刺激下，发生可逆的、非连续的膨胀与收缩，这种纤维称为智能凝胶纤维。根据智能凝胶所受到的刺激信号的不同，可分为 pH 敏感性水凝胶、温度敏感性水凝胶、光敏感性水凝胶、电场敏感性水凝胶、磁场敏感性水凝胶、化学物质敏感性水凝胶等。

20 世纪 40 年代，Kuhn 等对高分子智能凝胶在不同的 pH 值溶液中的伸缩变形行为的研究开创了人类对人工肌肉研究的先例，Tanaka 等最早发现聚（N-异丙基丙烯酰胺）水溶胶具有温度敏感特性，自从田中丰一教授于 1975 年发现智能凝胶以来，智能凝胶迅速成为了许多学者的研究重点，其中水凝胶发展最为迅速。

3.1.5 蓄热调温纤维的发展历史

蓄热调温纤维是一种具有双向温度调节（温度升高时纤维冷却，温度降低时纤维发热）作用的新型纤维。它能够根据外界环境温度的变化，从环境中吸收热量储存于纤维内部，或放出纤维中储存的热量，在纤维周围形成温度基本恒定的微气候，从而实现温度调节功能。蓄热调温纤维的这种吸热和放热过程是自动的、可逆的、无限次的。

蓄热调温纤维的开发，可以追溯到 20 世纪 70 年代末、80 年代初。当时，美国航空航天局（NASA）中心实验室先后资助美国三角公司和美国农业部南方实验室开展了具有热能吸收储存和释放功能纤维的研究工作。随后，美国空军、海军和美国科学基金也先后资助该领域的研究工作。1992 年，三角公司将正二十一烷和正十八烷双组分相变材料包裹于微胶囊中，制成蓄热调温微胶囊。1997 年，美国 Gateway 公司（现更名为 Outlast 技术公司）将裹熔点和结晶温度适当的相变材料的微胶囊纺制于纤维内部，制得了蓄热调温纤维，并且开始生产和销售含有蓄热调温微胶囊的纤维、织物和泡沫产品。

我国自 20 世纪 90 年代初开始蓄热调温纺织品的研究工作，现已取得了很大的成绩。天津工业大学功能纤维研究所，自 1993 年开始从事蓄热调温纤维的研究开发工作，2000 年底完成的研究项目通过石蜡烃熔融复合纺丝技术，研制出了相变物质含量在 16% 以上，单纤维线密度为 5dtex 的蓄热调温纤维。

3.1.6 变色纤维的发展历史

所谓变色纤维，是一种具有特殊组成或结构，在受到光、热、水分或辐射等外界刺激后具有可逆性自动改变颜色的纤维。其中，最重要的是光致变色纤维和热致变色纤维。

在越南战争期间，美国氰胺公司（American Cyanamid）为满足美军对作战服装的要求，开发了一种可以吸收光线后改变颜色的织物，这是光致变色纤维最早的实例。具有光致变色特性的物质是一些具有异构体的有机物，如螺吡喃、萘吡喃、螺亚嗪和降冰片烯衍生物等。这些化学物质因光的作用发生与两种化合物相对应的键合方式或电子状态的变化，可逆地出现吸收光谱不同的两种状态，即可逆地显色、褪色或变色。

光致变色纤维的研究已在日本等发达国家取得较大进展。20 世纪 80 年代末期，日本在智能纤维生产加工方面取得的一项进展,就是开发出光致变色纤维。如松井色素化学工业公司制成的光致变色纤维,在无阳光下不变色,在阳光或 UV 照射下显深绿色。

我国对光致变色纤维的研究也已取得一些进展。东华大学已通过将光致变色剂加入聚丙烯切片后进行熔融纺丝,制得光致变色聚丙烯纤维。该纤维经紫外线照射后,能够迅速由无色变为蓝色。光照停止,又迅速恢复无色,并且具有良好的耐皂洗性能和一定的光照耐久性。齐齐哈尔大学等用具有光致变色性的染料对聚酯纤维和聚丙烯腈纤维进行染色,制得了光致变色纤维。

3.2 智能纤维材料的特征与机理

3.2.1 光导纤维的特征与机理

1. 光导纤维导光的基本原理

光是一种电磁波,一般采用波动理论来分析光纤导光的基本原理,但根据光学理论中指出的:在尺寸远大于波长而折射率变化缓慢的空间,可以用"光线"即几何光学的方法来处理光波的传播现象,这对于光纤中的多模光纤是完全适用的,为此,可以采用几何光学的方法来分析。

(1) 斯涅尔定律。

斯涅尔定律是描述光在不同介质中传播时折射角度与介质折射率之间关系的定律。斯涅尔定律的公式为

$$\frac{\sin\theta_1}{\sin\theta_2}=\frac{n_2}{n_1} \tag{3-1}$$

其中,θ_1——入射角,即光线从一种介质射入另一种介质时的角度;

θ_2——折射角,即光线在第二种介质中的传播角度;

n_1、n_2——分别为两种介质的折射率。

由斯涅尔定律可知:当光由光密物质射至光疏物质时,发生折射,即 $n_1>n_2$ 时,$\theta_1<\theta_2$ (见图 3-1)。

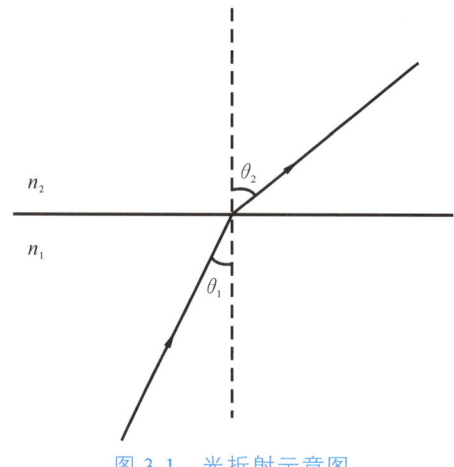

图 3-1 光折射示意图

入射角 θ_1 增大时，折射角 θ_2 也随之增大，且始终 $\theta_1 < \theta_2$，当 $\theta_2 = 90°$ 时，出射光线沿界面射出，此状态称为临界状态。这时有

$$\frac{\sin\theta_1}{\sin\theta_2} = \frac{\sin\theta_1}{\sin 90°} = \frac{n_2}{n_1} \tag{3-2}$$

$$\theta_{10} = \arcsin\left(\frac{n_2}{n_1}\right) \tag{3-3}$$

此时，θ_{10} 称为临界角（见图 3-2）。

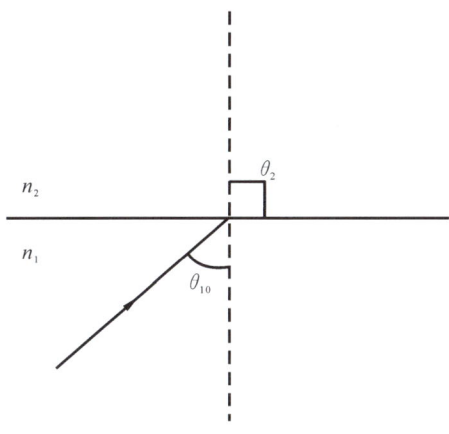

图 3-2　临界状态示意图

当入射角大于临界角时，光线将发生全反射现象，没有光线透射进入折射介质。

（2）光纤结构。

光纤呈圆柱形，通常由玻璃纤维芯（纤芯）和玻璃包皮（包层）两个同心圆柱的双层结构组成，纤芯位于光纤的中心部位，光主要在纤芯传输。纤芯折射率 n_1 比包层折射率 n_2 稍大一些，两层之间形成良好的光学界面，光线在这一界面上反射前进。

（3）光纤导光原理及"数值孔径"NA。

光纤入射的光可以分为两种，包括：

① 子午光线，入射光线和纤维轴线共面。

② 斜光线，入射光线和纤维轴线不共面，光线前进时不通过纤维中心轴。

本节只以子午光线为基础进行分析，不涉及任何斜光线的问题。

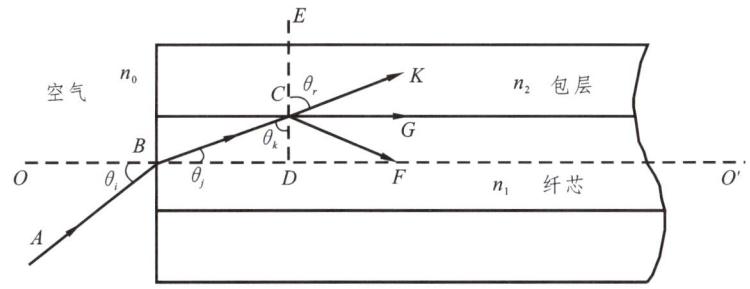

图 3-3　光纤导光示意图

由图 3-3 可知：入射光线 AB 与纤维轴线 OO' 相交角为 θ_i，入射后折射（折射角为 θ_j）至纤芯与包层界面 C 点，与 C 点界面法线 DE 形成 θ_k 角，并由界面折射至包层，CK 与 DE 夹角为 θ_r，则

$$n_0 \sin\theta_i = n_1 \sin\theta_j \tag{3-4}$$

$$n_1 \sin\theta_k = n_2 \sin\theta_r \tag{3-5}$$

将 $\theta_j = 90° - \theta_k$ 代入公式（3-4）得

$$\sin\theta_i = \frac{n_1}{n_0}\sin(90°-\theta_k) = \frac{n_1}{n_0}\cos\theta_k = \frac{n_1}{n_0}\sqrt{1-\sin^2\theta_k} \tag{3-6}$$

将公式（3-5）代入公式（3-6）可得

$$\sin\theta_i = \frac{n_1}{n_0}\sqrt{1-\left(\frac{n_2}{n_1}\sin\theta_r\right)^2} = \frac{1}{n_0}\sqrt{n_1^2 - n_2^2\sin^2\theta_r} \tag{3-7}$$

式中，n_0 为入射光线 AB 所在空间的折射率，一般为空气，故 $n_0 \approx 1$，n_1 为纤芯折射率，n_2 为包层折射率。当 $n_0 = 1$ 时，公式（3-7）可变为

$$\sin\theta_i = \sqrt{n_1^2 - n_2^2\sin^2\theta_r} \tag{3-8}$$

当 $\theta_r = 90°$ 的临界状态时，$\theta_i = \theta_{i0}$，

$$\sin\theta_{i0} = \sqrt{n_1^2 - n_2^2} \tag{3-9}$$

纤维光学中将公式（3-9）中 $\sin\theta_{i0}$ 定义为"数值孔径"NA。由于 n_1 与 n_2 相差较小，即 $n_1 + n_2 \approx 2n_1$，故公式（3-9）又可写作

$$\sin\theta_{i0} = n_1\sqrt{2\Delta} \tag{3-10}$$

式中，$\Delta = (n_1 - n_2)/n_1$，称为相对折射率差。

根据前面的推导，可以得到以下结论：
① 光纤传光的原理是光的全反射；
② 只有当光线的入射角 $\theta_i < \theta_{i0}$ 时，光线才能被耦合进入光纤传播；
③ 无论光源发射功率有多大，只有 $2\theta_{i0}$ 张角之内的光功率才能被光纤接收传播。

针对 θ_r 不同取值范围光纤有不同的传播形式：
① $\theta_r = 90°$ 时

$$\sin\theta_{i0} = NA \tag{3-11}$$

$$\theta_{i0} = \arcsin NA \tag{3-12}$$

② $\theta_r > 90°$ 时，光线发生全反射，由图 3-3 夹角关系可知

$$\theta_i < \theta_{i0} = \arcsin NA \tag{3-13}$$

③ $\theta_r < 90°$ 时,公式(3-8)成立,可以看出

$$\sin\theta_{i0} > NA \qquad (3\text{-}14)$$

$$\theta_i > \theta_{i0} = \arcsin NA \qquad (3\text{-}15)$$

光线全部折射出去,光线散失。

这说明 $\arcsin NA$ 是一个临界角,凡入射角 $\theta_i > \theta_{i0} = \arcsin NA$ 的那些光线进入光纤后都不能传播而在包层散失;只有入射角 $\theta_i < \theta_{i0} = \arcsin NA$ 的那些光线才可以进入光纤并被全反射传播。这样就存在一个光纤入射光锥(见图3-4)。

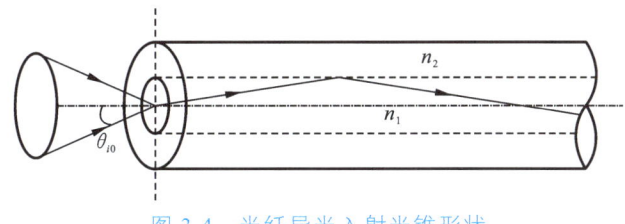

图3-4 光纤导光入射光锥形状

综上所述,可以得出光导纤维导光的特征:
① 数值孔径反映纤芯接收光量的多少,标志光纤的接收性能;
② 光纤的数值孔径仅取决于纤芯的折射率的大小及包层相对折射率差;
③ 数值孔径与光纤的直径无关。

2. 光导纤维主要特征参数

光纤参数主要以其结构特点有所不同,一般应用光纤时,主要考虑芯径、外径及数值孔径 NA,有时也需要考虑相对折射率差。其参数数值范围见表3-4。

表3-4 光纤主要特征参数

光纤种类	芯径 $2a/\mu m$	外径 $2d/\mu m$	数值孔径 NA	相对折射率差 $\Delta/\%$
折射率阶跃型多模光纤	50～150	100～200	0.15～0.3	0.5～2
梯度折射率型多模光纤	50～60	100～150	0.15～0.25	0.5～1.5
单模光纤	5～10	100～150	0.1～0.12	0.2～0.35

3.2.2 导电纤维的特征与机理

1. 导电纤维材料的机理

纤维材料的介电和导电性质是纤维高分子材料的重要特征。高分子材料在电场中会产生极化作用,高分子材料内部电场随着时间而逐渐减弱,我们称之为介质吸收现象。根据电荷载体是电子还是离子,纤维高分子材料的导电机理分为电子导电和离子导电两类,离子导电是由于离子在空穴位置间跳跃而产生的,与离子的跳跃距离、活化能、分解度、温度等参数有关系。

2. 影响纤维材料导电性能的因素

（1）纤维结构。

纤维材料在加工、服用过程中受到外力拉伸作用使纤维材料内部的无定形区和结晶区发生变化从而影响纤维的导电性质。

（2）相对湿度。

相对湿度越高，纤维的吸湿增加，纤维自身的比电阻降低，从而纤维的静电衰减加快，静电电压降低；同时，电荷向外散失的速度加快。

（3）温度。

对于非极性和弱极性的纤维材料来说，温度对导电性能的影响很小，基本可忽略不计；对于极性和强极性材料而言，一般情况下，随着温度的升高，纤维的带电荷量减少。

（4）摩擦条件。

摩擦介质的表面光滑度、摩擦速度、摩擦形式和摩擦力，都会对纤维材料的导电性能产生影响。

3. 几种导电纤维的特点

（1）金属（不锈钢、铜、铝）导电纤维。

属导电成分均一型的导电纤维，具有优良导电性、耐热性、耐化学腐蚀性、柔软性，但密度高，强伸和摩擦特性与有机纤维不同，混纺性差，价格昂贵。其体积比电阻为 $1 \times 10^{-5} \sim 1 \times 10^{-2} \Omega \cdot cm$。

（2）碳纤维。

属导电成分均一型导电纤维，具有良好的导电性、耐热性、耐化学药品性，初始模量高，但某些机械力学性能，如径向强度较低，只限于在复合材料中使用。其体积比电阻为 $10^{-5} \sim 10^{-2} \Omega \cdot cm$。

（3）金属化合物型导电腈纶。

由于纤维让 Cu^+ 与 -CN 络合形成 Cu_9S_5 导电网络，纤维的导电层耐久，且不损伤纤维的柔软性、扭曲及滑爽性，保持原纤维的手感和机械力学性能。其体积比电阻为 $0.82 \sim 10^3 \Omega \cdot cm$。

（4）金属化合物型导电锦纶6、锦纶66。

用含铜离子和辅助剂混合液浸渍处理锦纶纤维，所得导电纤维仍可进行染料染色而不失去导电性，保持原纤维力学性能。其体积比电阻为 $10 \sim 10^3 \Omega \cdot cm$。

（5）化学镀铜腈纶。

金属膜能牢固黏附在纤维上，对纤维的结构和性能均无明显影响。其体积比电阻为 $2.9 \times 10^{-3} \Omega \cdot cm$。

（6）SA-7炭黑复合电腈纶短纤维。

属海岛型复合纤维，炭黑高浓度集中于岛相，形成纤维纵向导电通路，具有聚丙烯腈纤维优良物性。其体积比电阻为 $7 \times 10^3 \Omega \cdot cm$。

（7）Antron 炭黑复合导电锦纶66。

是以含炭黑高聚物为芯、尼龙66为鞘的同心圆状芯鞘复合导电纤维，保持锦纶66纤维全部优良物理力学性能。其体积比电阻为 $10^2 \sim 10^5 \Omega \cdot cm$。

（8）PAREL 炭黑复合导电锦纶6长丝。

导电组分在中间的三层同心圆型复合纤维，炭黑含量少，导电性好，纤维力学性能符合要求。其体积比电阻为 $10^2 \sim 10^5 \Omega \cdot cm$。

（9）皮芯复合导电涤纶。

以涂有 SnO_2 的 TiO_2 与 PE、液态石蜡、硬脂酸为芯，以 PET 为皮，芯/皮为 1:6，纤维保持优良物性。其体积比电阻为 $5.5 \times 10^7 \Omega \cdot cm$。

（10）T-25 导电涤纶。

碘化亚铜在 PET 纤维表面形成导电层，是物性优良的白色导电涤纶。其体积比电阻为 $10^7 \sim 10^8 \Omega \cdot cm$。

3.2.3 形状记忆纤维的特征与机理

形状记忆合金纤维的形状记忆效应是由于马氏体相变造成的。温度变化和机械应力的共同作用常常会改变合金的稳定相态，通过冷却可以使合金从稳定的奥氏体转变为亚稳定的马氏体，然后通过弯曲作用使它转变为另外一种亚稳定的马氏体，最后通过加热使它回复到稳定的奥氏体。

Ti-Ni 形状记忆合金具有很高的塑性（见图 3-5）。经适宜控制成分和热处理，冷拉伸长率可高达 100%。该合金可以通过真空自耗熔炼——真空感应重熔方法制造，将它在大气中锻造、轧制、拉拔，可制成纤维。该纤维具有较大的形状记忆应变（6%~10%）和较高的回复应力（200~760MPa），在适宜温度范围内热机械处理后显示双程形状记忆效应，具有较高的记忆寿命，预应变小于 0.5%，循环次数可达 10^7 以上。

一些聚合物也有形状记忆效应。一般的聚合物变形后不能完全复原，存在着残留的非弹性变形。但对形状记忆聚合物（SMP）加热，并超过其玻璃化温度 T_g，借助于材料的布朗运动，能使高达 400% 的残留塑性变形得到恢复。

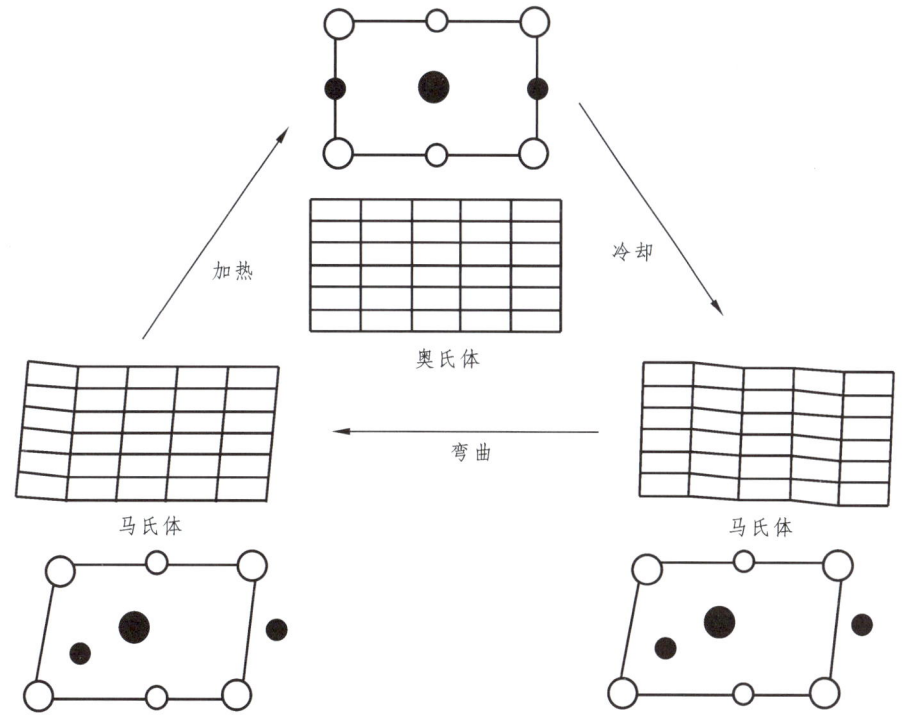

图 3-5 具有形状记忆效应的 TiNi 合金的结构特征

聚合物的形状记忆原理与金属及合金不同，后者主要靠马氏体各变体之间的协调形变和可逆转变，而聚合物的形状记忆原理却是由其特殊的内部结构决定的。SMP 通常由固定相和可逆相组成。固定相起防止聚合物流动和记忆原始形状的作用，可逆相能随温度变化发生软化和硬化之间的可逆变化，或者说固定相的作用在于原始形式的记忆与恢复，可逆相则保证成型品可以改变形状。固定相可以是聚合物的交联结构、部分结晶结构、聚合物的玻璃态或分子链的缠绕等。可逆相则是产生结晶与结晶熔融可逆变化的部分结晶相，或发生玻璃态与橡胶态可逆转变的相结构。根据固定相的结构特征，SMP 可分为热塑性与热固性两大类。

3.3 智能纤维材料在土木工程中的应用

3.3.1 光导纤维在土木工程中的应用

1. 在混凝土中埋入光纤的技术

钢筋混凝土结构是由 98%的混凝土（砂、石和砂浆）和 2%的加强钢筋制成的一种复合材料。由于混凝土的抗拉强度差，仅为抗压的十分之一，因此，在结构的受拉区加入钢筋，组成钢筋混凝土结构。在其中埋入光纤，通常是将光纤埋入未固化的混凝土中，除要求光纤界面和水泥之间有良好的结合外，还要求光纤在可塑材料填充和机械振动时不受损伤及在高度碱性水泥糊剂环境中具有化学耐腐性。

目前，通常采用以下四种埋入方法。

方法一：将光纤安放在金属管内，当混凝土浇灌操作完毕，缓慢地抽出金属管，由于水泥沿抽出管子表面"析水"，使水泥与光纤接触处形成光滑界面。

方法二：将光纤安放在金属保护管内，并在管端安装金属端子，将光纤拉紧，保护管不取出。当混凝土构件变形时，金属管将应变传递给光纤。这种方法要求金属保护管与混凝土的膨胀系数相等，以减小温度应力。

方法三：将光纤固定在钢筋上，并在光纤和钢筋及混凝土之间加上垫片，要求垫片不影响混凝土与纤维的结合。

方法四：在钢筋外铺上玻璃纤维复合材料，在复合材料中埋入光纤。

混凝土在固化过程中，水分失去，体积减小，并且由于熟石灰硅酸铬晶体生长而引起某种机械性锁结和收缩，所以光纤应具有足够柔度，水泥是强碱性的，它对玻璃纤维有腐蚀作用，需在光纤表面加上抗碱性涂层。

2. 基于光导纤维的透光混凝土

近年来，随着科技与社会的发展，混凝土行业也在不断地变化，一改以往灰暗、沉闷的形象，不仅向高强高性能方向发展，建筑装饰混凝土也成为传统混凝土的发展趋势。2001 年匈牙利建筑师 Aron Losconczi 将玻璃纤维或塑料细丝植入传统水泥基混凝土中，发明了透光混凝土，打破了传统混凝土笨重单调的感觉，给人带来一种透明度渐变、色彩绚丽的视觉震撼。

目前，国内在透光混凝土的组成、光学性能、力学性能及制备工艺等方面的研究已取得一定成果。透光混凝土是以混凝土为基体，将透明光纤按一定比例及图案铺设于混凝土模板中。光纤对混凝土的抗压强度影响不大，但却可以增加混凝土的抗折强度，因为光纤可以起到纤维一样的作用。

透光混凝土作为一种建筑装饰材料，现阶段国内外的制备方法主要采用的先植法，因为先植法能最大限度保持混凝土原有力学性能不受影响，而对光纤如何穿插、均布及精准定位的研究还比较缺乏，将成为透光混凝土日后的发展研究趋势。

此外，由于透光混凝土在不影响传统混凝土力学性能的基础上，增加了传统混凝土没有的透光性能，打破了传统混凝土笨重、灰暗、单调的感觉，给人带来一种色彩绚丽的视觉震撼，具有广阔的运用前景。

3. 土木工程结构的健康监测

结构的健康监测是指应用无损传感技术获取结构的损伤和退化等信息，并在此基础上确定损伤的位置，评估损伤的程度，进而预报结构的剩余寿命。传感网络是结构健康监测系统的重要组成部分，对于土木工程结构健康监测系统来说，传感器不仅应能适应建筑施工粗放性的特点，还应能够长期稳定可靠地工作。随着智能复合材料研究工作的深入开展，光纤传感器显示出的小巧、柔软、灵敏度高、抗电磁干扰等优点以及在结构服役期工作状态监测、安全评估等方面的潜力，使它的研究和应用逐渐扩展到土木工程结构健康监测领域。1989年，美国布朗大学的 Mendez 等人首次提出将光纤传感器埋入钢筋混凝土中监测结构内部的状态参数，此后，美国、加拿大、英国、德国、日本的众多学者也将目光投向这一领域，并开展了广泛而深入的研究。

钢筋混凝土是土木工程领域应用最为广泛的材料，通过对钢筋混凝土内部应力、应变的监测，能够获得构件的强度储备信息以及构件所受实际载荷的状况，所以应力、应变监测成为光纤传感器在土木工程结构健康监测中最主要的应用。用于应变、应力测量的光纤传感器主要有三种类型：利用双光束干涉技术的光纤迈克尔逊（Michelson）传感器和光纤马赫-泽德（Mach-Zehnder）传感器；利用多光束干涉技术的光纤法布里-珀罗（Fabry-Perot）传感器；光纤布拉格光栅传感器。其中，光纤布拉格光栅传感器因具有独特的优点，在土木工程中的研究与应用较为广泛。1992年 Rutger 大学的 Prohaska 等人首次将光纤光栅埋入到砌体结构中测量应变，将最初应用于航空、航天领域的光纤光栅传感技术引入到土木工程中，之后相关的实验研究很快就拓展到实际的大型工程结构中。1993年，加拿大科学家首次将光纤布拉格光栅传感器应用于桥梁结构，Toronto 大学的学者们把光纤光栅埋入了分别由复合材料、钢筋加强的大梁内测量内部应变，并利用光栅测得的数据比较新材料（碳纤维复合材料）同传统材料（钢材）的工作性能。Davis.M 等人在美国新墨西哥州一座州际大桥上应用布拉格光栅传感器进行在线监测，确定大桥受交通荷载作用时的应变水平和频率响应，通过分析传感器探测到的资料可以确定交通车辆的数量和相对重量，同时还能确定整个大桥的频率响应。JohnSeim 等人在美国俄勒冈州一座名为 HosetailFalls 的大桥上利用光纤光栅对桥的两个需要进行补强的大梁进行监测，以确定采用复合材料对大桥进行维修和补强的可行性以及复合材料长期的工作性能。香港理工大学的 Chan 等人则利用频率调制连续波（FMCW）技术实现了光纤光栅传感器的应变准分布式测量，成功获得了复合材料包覆混凝土梁接口处的应变。

除应力、应变外，各国学者也通过光纤传感器监测结构振动相关参数、结构内部裂纹以及结构挠度或位移，评价结构的服役状态和健康情况等，并进行了多方位的尝试。其中，美国 Ver-mont 大学研究领域最为广泛，研究成果最为突出。1989年，Vermont 大学的研究人员就将长达 100 m 的多模光纤粘贴在州际公路桥的桥面，测量桥在气锤冲击、卡车行驶时的振动情况；1992 年，他们在一座水力发电站的大坝中埋入了总长为超过 6 500 m 的光纤，测量大坝所承受的水压、水的流速、大坝关键部位的振动；1993 年，在斯坦福生物技术研究中心大楼里埋入了总长超过 4 000 m 的单模、多模光纤，以监测建筑的振动、风力荷载、徐变等参数。在之后持续数年的观测中，分别埋入到民用建筑、高层建筑、州际公路桥、铁路桥及水电大坝中的各种光纤传感器能够获得结构或建筑物内部的应力、应变、结构振动等参数，总体上取得较好的测试结果。此外，瑞士、加拿大、日本等国的学者也分别将光纤传感器应用于桥梁、大坝、隧道等土木工程设施的施工和服役期，从混凝土的硬化期温度监测到服役期大跨度构件的弯曲、挠度和位移等参数的监测，都进行了尝试和探索。

目前，在欧洲、美国、日本等国家和地区光纤传感器已经在一些实际的工程结构，如桥梁、大坝的监测系统中得到了应用，并已经出现专为土木工程设计的商业化的光纤传感器及其探测系统。已经取得的研究成果显示，光纤传感器在传感网络中能够与其他传感器协同工作，通过对钢筋混凝土内部应力、应变、裂纹、温度以及结构弯曲、挠度、位移、振动相关参数的监测，为大型土木工程设施的安全监测与健康评价提供可靠信息。

3.3.2 导电纤维在土木工程中的应用

1. 导电混凝土的概念与性能指标

导电混凝土是由导电性材料部分或全部取代普通混凝土中的骨料，然后和胶凝材料、水、掺合料以一定的比例混合制作而得到的具有一定导电性能和力学性能的特种混凝土。

根据胶凝材料不同可以将导电混凝土大体分为三种类型：无机类（由导电性无机材料作为主要材料制作而成的导电混凝土）、有机类（由有机导电材料制作的导电混凝土）和复合类（如新型导电性聚合类材料制作的导电混凝土）。

导电混凝土的工程性能指标还包括抗压强度、导电性以及满足一些特殊性能要求的耐久性和热传导性等。导电性用电阻率来衡量，导电混凝土的电阻率视其用途而异，变化范围一般为 $10^{-3} \sim 10^2 \Omega \cdot m$。混凝土强度影响因素很多，跟普通混凝土相比较，导电相材料本身的机械强度、粒度、形状、级配和含量对混凝土的强度有较大的影响，尤其是碳质导电相材料，由于其自身的强度性能较差，它在混凝土中所占的体积百分率对导电混凝土的强度起决定性作用。对使用环境有特殊要求时，还需要考虑混凝土的干缩性和导热性等指标。

2. 基于导电纤维的导电混凝土

（1）碳纤维导电混凝土。

碳纤维综合具有碳和纤维的多种优良特性。碳纤维导电混凝土具有广泛的应用领域，可以充分利用其导电、发热性能将其应用在多种工程环境中。碳纤维混凝土有着比石墨混凝土更为出色的导电性能，是由于碳纤维密集地分布在混凝土中，更容易在混凝土中形成导电网络，从而提高其导电能力。唐祖全等人研究发现，水泥浆中加入碳纤维后，渗流阈值会保持在 0.85%附近。当混凝土中含有较多的碳纤维时，混凝土会由于不均匀搅拌而出现纤维结团现象，同时在搅拌时不可避免地会引入大量气泡，从而增加了混凝土的气孔率，降低混凝土的平整性以及力学强度。因此，制作中通常需要加入一定量的分散剂（如甲基纤维素和消泡剂）。制作时，应先用分散剂将碳纤维在水中充分分散，再和水泥、砂石一同进行搅拌。在碳纤维混凝土中加入适量的硅灰能够部分降低混凝土的电阻率，同时可在一定程度上提高碳纤维的分散性。

在选用较粗的骨料配制用于发热的导电混凝土时，不宜掺入太多的石子。侯作富等人通过实验研究发现，当水泥、砂、石子掺量为 1∶1∶2 时，碳纤维导电混凝土的综合性能最佳。

（2）钢纤维导电混凝土。

钢纤维最大的特点就是具有较高的抗拉强度，同时又能够有较好的导电性能。所以，钢纤维常常作为制作导电混凝土的导电相材料。有学者通过研究发现，混凝土中钢纤维的电阻率会随着时间的推移明显增大，原因是混凝土呈碱性，金属在其中会锈蚀形成膜，从而加大其电阻率。

魏小胜等人在试验中采用长度 25~45 mm、直径 0.5~0.8 mm 的钢纤维配制导电混凝土来进行试验，结果表明在钢纤维体积分数达到 0.5% 之前，钢纤维导电混凝土的电阻率会随着含量的增加而明显下降。所以，导电混凝土不宜单独采用钢纤维或是金属粉末作为导电介质。

目前，在世界范围内，用工业盐融雪化冰还是最为主要和普遍的除雪方法。但这种方法局限性太多。①施撒工业盐需要工人无论在多么极端的天气下去人工撒盐融化冰雪；②工业盐对路面以及其他的混凝土都会有一定伤害，并且可能对环境造成一定的影响。利用导电混凝土的电热效应，道路和建筑上的积雪和冰会自动融化，人们生产生活将不会受到冰冻天气的影响。所以导电混凝土的研究发展对人们的生产生活具有十分重要的意义。并且，随着经济的发展以及材料科学的发展，导电混凝土一定会像普通混凝土那样变得便宜，一定会在今后的工程中得到广泛的应用。

3.3.3 形状记忆纤维在土木工程中的应用

20 世纪 90 年代，V-CLi 等研究人员开发了纤维增强水泥基材料（iberReinforced Cementitious Composite，FRCC），FRCC 是将增强纤维掺入到胶凝材料中来提高材料的强度和韧性；增强纤维不仅可以提高抗拉强度，而且能提供桥接裂缝的作用，使得结构形成多条微裂纹的延性破坏模式。

虽然 FRCC 因其较高的抗拉强度和微裂纹延性破坏模式可提高土木工程结构的耐久性，但 FRCC 材料的塑性变形不利于结构裂缝的自恢复，而 SMA 具有一定的恢复应力，能够很好地弥补这种缺陷。因此，将 SMA 应用到 FRCC 中构成 SMA-FRCC 复合材料既可以发挥 FRCC 裂缝小、抗拉强度高等特点，又能发挥 SMA 的自恢复特性，在土木工程结构中有很好的应用前景。

进入 21 世纪，许多国内外学者将形状记忆合金纤维（Shape memory effect fribe，SMAF）应用到胶凝材料中。Eunsoo Cho 等通过抗弯实验发现冷拉后的 SMAF 经过加热产生形状记忆效应，起到了明显的预应力效果。M. A. E. M. Ali 团队研发了一种具有裂缝愈合能力的新型混杂工程水泥基复合材料，与单独使用 PVA 纤维的 ECC 相比，PVA 和 SMAF 复合后 ECC 的拉伸和弯曲性能分别提高了 59% 和 97%，且由于 SMAF 的形状记忆效应，开裂的 SMAF-ECC 试样在加热后能够自愈。上述研究表明，将 SMAF 加入到 FRCC 中，可显著提高 FRCC 的拉伸性能和弯曲性能，且由于 SMAF 中的 SME，SMAF 可以有效闭合水泥基材料的裂缝，提高构件的耐久性。

本章思考题

1. 智能纤维材料的种类有哪些?
2. 光导纤维的导光原理有哪些?
3. 导电纤维的导电性能的影响因素有哪些?
4. 形状记忆纤维的工作原理有哪些?
5. 光导纤维在土木工程中的应用有哪些?
6. 导电纤维在土木工程中的应用有哪些?
7. 形状记忆纤维在土木工程中的应用有哪些?

第4章 智能混凝土

4.1 智能混凝土概述

智能混凝土（Smart Concrete）是一种通过集成智能技术而能够对外界条件做出响应的复合材料。智能混凝土是将"智能材料"加入混凝土中，使混凝土能够准确接受外界环境带来的刺激而做出相应的反馈，实现自诊断、自调节、自修复等功能。科研人员对智能混凝土的研究已有近50年的历史，20世纪60年代，苏联学者最早研究智能材料，将碳作为"智能材料"制备了水泥基导电复合材料并提出碳黑导电混凝土。20世纪80年代末，日本研究人员提出所谓对环境变化具有感知和控制功能的智能建筑材料。20世纪90年代初，D. D. L. Chung与Dry分别提出自感知混凝土和自修复混凝土。进入21世纪，部分学者将短切碳纤维混入混凝土中，研究发现短切碳纤维的加入提高了混凝土的抗拉强度，具有对温度和压力自感知的能力。随着现代材料的不断补充和完善，混凝土的研究向着智能一体化方向发展。

智能混凝土具备以下主要特点：
- 感知能力：能够检测并记录应力、温度、湿度、裂缝等物理参数。
- 自我修复能力：在出现裂缝或损伤时，自动触发修复机制，恢复结构完整性。
- 能源收集与转换能力：通过嵌入压电或热电材料，将机械能或热能转换为电能。
- 环境适应性：根据外部环境条件的变化，如温度或湿度的波动，自动调节自身性能以保持最佳状态。

随着科技的发展，智能混凝土正逐步实现多功能集成，不仅可以监测和修复结构，还可以收集和转换能源，应用前景广泛。

4.2.1 智能混凝土的发展趋势

智能混凝土的研究起源于对结构健康监测（Structural Health Monitoring，SHM）的需求。最早的研究集中在如何将传感器嵌入到混凝土中，以实时监测桥梁、隧道等关键基础设施的健康状况。随着纳米技术、材料科学和传感技术的进步，学者们逐渐探索在混凝土中集成更多的功能材料，如碳纳米管、形状记忆聚合物等。

近年来，智能混凝土的发展呈现出以下趋势。
- 多功能集成：研究者不仅关注单一功能的实现，还尝试将感知、自修复、能源转换等多种功能集成到同一材料中。
- 高性能传感器的开发：开发能够在极端环境下稳定工作的高灵敏度传感器，以提高监测精度和可靠性。
- 自修复技术的进展：自修复混凝土的研究已从实验室走向应用，尤其是在微胶囊技术、生物矿化技术等领域取得了显著进展。

- 可持续性和经济性：如何在保持智能混凝土优越性能的同时，降低成本、减少对环境的影响，成为研究的热点。

当前，智能混凝土已经在一些关键工程中得到了初步应用，如大型桥梁、高层建筑、核电站等，但仍存在一些技术和经济上的挑战需要解决。

4.2.2 智能混凝土的应用前景

智能混凝土的应用前景十分广阔，特别是在以下几个方面。
- 基础设施安全监测：智能混凝土能够实时监测桥梁、隧道、建筑物等结构的健康状态，提前发现潜在风险，避免灾难性事故。
- 自我修复路面：在道路、机场跑道等使用自我修复混凝土，可以显著延长使用寿命，减少维护频率和成本。
- 能源收集：通过在智能混凝土中嵌入压电材料，可以将车辆或行人产生的机械能转化为电能，为照明、传感器等提供电力。
- 抗震建筑：在地震多发地区，智能混凝土可以通过实时监测应力变化和自动调节结构性能，提高建筑物的抗震能力。
- 可持续建筑：智能混凝土在节能、环保方面具有潜力，可以通过高效能量利用和降低材料消耗，促进绿色建筑的发展。

随着技术的进一步发展和成本的降低，智能混凝土将在更广泛的工程领域得到应用，推动建筑业的智能化、数字化转型。

4.2 传感器与智能元件

4.2.1 传感器技术概述

传感器是智能混凝土实现"智能"功能的关键元件。它们能够实时感知混凝土内部和外部环境的变化，将物理量（如应力、温度、湿度等）转化为可测量的电信号。根据传感器的工作原理和检测对象的不同，常见的传感器包括电阻式传感器、电容式传感器、光纤传感器、压电传感器、纳米传感器等。

在智能混凝土应用中，传感器主要用于以下几个方面。
- 结构健康监测：通过嵌入式传感器监测混凝土结构中的应力、应变、裂缝发展情况，预防结构失效。
- 环境监测：监测温度、湿度、氯离子浓度等环境因素，评估混凝土的耐久性。
- 动态响应：实时监测车辆荷载、地震等外部动态载荷对混凝土结构的影响，辅助结构安全评估。

随着传感器技术的不断发展，现代传感器正朝着更高灵敏度、更长寿命和更低功耗的方向发展。同时，传感器的微型化和集成化也使其能够更好地嵌入混凝土中，实现更全面的监测功能。

4.2.2 电阻式与电容式传感器

电阻式和电容式传感器是智能混凝土中最常用的两类传感器，它们利用材料的电阻或电容随应力、应变、湿度等变化的特性来监测混凝土的状态。

● 电阻式传感器：通过检测电阻的变化来感知应力或应变。这类传感器的基本工作原理：当混凝土受力时，嵌入传感器的材料发生形变，导致其电阻值发生变化。利用这一原理，可以对混凝土内部的应力和应变进行实时监测。碳纤维增强复合材料（CFRP）是常用的电阻式传感器材料，其具有高灵敏度和良好的应力传导性。

● 电容式传感器：依赖于电容器的电容随其介质或电极之间的距离变化而变化的特性。混凝土内部的应力、湿度或温度变化可以引起电容的变化，通过测量电容值的变化，可以评估混凝土的物理状态。这类传感器通常用于湿度检测，因为混凝土的含水率直接影响其介电常数，进而影响电容值。

电阻式与电容式传感器各有优缺点。电阻式传感器具有较高的精度和灵敏度，但易受温度变化的影响。电容式传感器在湿度检测中表现出色，但在应力监测方面的应用相对较少。为了在实际工程中获得更全面的监测效果，通常需要结合使用多种类型的传感器。

4.2.3 光纤传感器

光纤传感器是智能混凝土中另一类重要的传感器，它通过光信号的变化来检测物理量的变化。光纤传感器具有以下优点：高灵敏度、抗电磁干扰、耐腐蚀、体积小和寿命长，因此在恶劣环境下的结构健康监测中广泛应用。

● 光纤布拉格光栅传感器：光纤布拉格光栅（FBG）传感器是最常见的一种光纤传感器。当光纤感受到应力或温度变化时，布拉格光栅的反射波长会发生变化，通过检测这一波长变化可以获取混凝土的应力或温度信息。FBG传感器因其精度高且能够实现多点测量，在桥梁、隧道和高层建筑的健康监测中得到了广泛应用。

● 分布式光纤传感器：与点式传感器不同，分布式光纤传感器可以沿整个光纤长度实现连续测量，能够实时监测大面积结构的应力、温度或裂缝变化。这种传感器特别适用于长桥梁、隧道等大型基础设施的监测，提供全面的结构健康信息。

光纤传感器在智能混凝土中的应用极大地提升了结构监测的精度和可靠性。然而，光纤传感器的安装与维护相对复杂，成本也较高，因此其应用主要集中在高价值或高风险的工程项目中。

4.2.4 纳米材料

纳米材料因其独特的电学、机械和化学特性，成为智能混凝土研究的热点。通过将纳米材料引入混凝土中，不仅可以增强混凝土的机械性能，还可以赋予其感知和响应能力。

● 碳纳米管（CNTs）：具有优异的导电性和力学性能，广泛用于智能混凝土的传感元件中。通过在混凝土中掺入碳纳米管，可以构建导电网络，实现对混凝土应力、裂缝的监测。此外，碳纳米管还能提高混凝土的抗裂性和耐久性。

● 石墨烯：作为一种单层碳原子材料，具有极高的导电性和强度。将石墨烯掺入混凝土中，不仅可以增强混凝土的力学性能，还能赋予其电导性，用于应力传感和结构健康监测。

● 纳米二氧化硅（SiO_2）：能够提高混凝土的密实度和抗渗性，进而提高其耐久性。由于纳米二氧化硅具有较大的比表面积，可以在混凝土内部形成更加均匀的结构，从而改善其物理性能。

- 功能化纳米颗粒：通过表面修饰或掺杂，可以赋予混凝土特殊的感知功能，如自修复能力或对特定化学物质的响应。

纳米材料在混凝土中的应用为传统混凝土赋予了新的功能，推动了智能建筑材料的发展。然而，纳米材料的高成本和加工复杂性仍是制约其大规模应用的挑战。

4.3 自修复混凝土

4.3.1 自修复混凝土的工作原理

自修复混凝土是一种能够在受损后通过自身的物理或化学作用自动修复裂缝或损伤的材料。这种技术的原理基于模拟生物系统的自我愈合能力，通过在混凝土中引入特定的自修复机制，使其受损后能够恢复原有的性能。Carolyn Dry 提出一种混凝土裂缝主动修复技术，用玻璃空心纤维代替空心胶囊，在空心纤维内注入缩醛高分子溶液作为胶黏剂，从而形成仿生智能混凝土自修复系统。胶黏剂经过化学反应后硬化，硬化凝固后的胶黏剂可填补裂缝，达到修复缺陷的效果。Kassimi 等通过优化 10 种修复混合物，对 10 根全尺寸纤维增强自密实混凝土（FR-SCC）梁进行修复试验，以研究其作为钢筋混凝土梁修补材料的潜在价值。试验结果表明，优化后的自密实修补混合料能够成功地恢复试验梁的抗弯承载力。与传统混凝土相比，混凝土中加入了不同物质，如纤维、高吸水性聚合物、二氧化硅纳米胶囊等，该类智能混凝土均具备了自愈合能力；形状记忆合金丝可以用来分析混凝土梁自修复能力的影响因素和裂纹的修复情况。多孔混凝土通过释放愈合剂填充裂缝达到自愈效果，为混凝土自愈合的研究开辟了一条新道路。自我修复材料的工作原理通常涉及以下几种机制。

- 物理修复：利用混凝土中的微胶囊技术，当裂缝发生时，微胶囊破裂并释放其中的修复剂，填充裂缝。
- 化学修复：通过引入能够与水或空气中的二氧化碳发生反应的化学物质，使其在裂缝处生成新的胶凝体，填补裂缝。
- 生物修复：利用特定的微生物在裂缝处生成矿物质（如碳酸钙），自然地填补裂缝。

这些自我修复机制能够有效延长混凝土结构的使用寿命，减少维护和修复的需求，具有显著的经济和环境效益。

1. 化学自愈合机制

化学自愈合是自我修复混凝土常见的机制之一，它通过引入能够在裂缝处发生化学反应的材料，实现裂缝的自动修复。

- 微胶囊技术：在混凝土中分散含有修复剂的微胶囊，当混凝土发生裂缝时，微胶囊破裂，释放出修复剂（如聚合物或无机胶凝材料）。这些修复剂与外界环境中的水或空气反应，形成新的固体物质，填补裂缝。常见的修复剂包括环氧树脂、聚氨酯和水泥基材料。
- 硅酸盐自愈合：硅酸盐材料能够在裂缝处与水反应生成新的水化硅酸钙（C-S-H）凝胶，填补裂缝。这种反应利用了硅酸盐材料的高化学活性，特别适用于水下或高湿度环境中的混凝土修复。
- 碳化反应：碳化反应是一种天然的自愈合过程，当裂缝暴露在空气中时，混凝土中的氢氧化钙与二氧化碳反应生成碳酸钙，这些碳酸钙沉积在裂缝处，逐渐愈合裂缝。虽然碳化反应速度较慢，但在无其他修复手段的情况下，仍能实现一定程度的裂缝愈合效果。

化学自愈合机制能够在无外部干预的情况下实现裂缝修复，是当前自我修复混凝土研究与应用的主要方向之一。

2. 生物自愈合机制

生物自愈合是一种利用微生物在混凝土裂缝处生成矿物质来修复裂缝的技术。其核心原理是引入特定的菌种。这些菌种在适宜条件下能够分泌出碳酸钙等矿物质，填补裂缝。

- 微生物诱导沉积：常用的生物自愈合技术包括利用芽孢杆菌类微生物。这些微生物在裂缝中水的作用下活化，并分泌尿素酶。尿素酶催化尿素分解产生碳酸根离子，与混凝土中的钙离子结合生成碳酸钙，沉积在裂缝处，逐渐修复裂缝。
- 微生物包埋技术：为了提高微生物在混凝土中的存活率和修复效果，研究者们通常将微生物与营养物质一起包埋在微胶囊或陶粒中。当裂缝发生时，包埋的微生物被释放出来，开始修复过程。

生物自愈合技术由于其环保性和高效性，近年来受到广泛关注。然而，这种技术仍面临一些挑战，如微生物的存活时间、修复速度以及在复杂环境中的稳定性。

4.3.2 自修复混凝土的应用

自修复混凝土已在多个领域展示了其应用价值，以下是几个典型应用场景。

- 桥梁与隧道：在长寿命桥梁和隧道中，自我修复混凝土减少了微裂缝的发展，延长了结构寿命，降低了维护成本。
- 道路与机场跑道：自我修复混凝土在公路和机场跑道中的应用可以减少裂缝扩展，显著延长使用寿命，减少维护频率和成本。例如，在荷兰和美国的一些高速公路和机场项目中，已经成功应用了这种技术。
- 地下结构：自我修复混凝土被用于修复因水压引起的地下结构裂缝，有效防止渗漏。这种技术通过自动愈合裂缝，减少了对人工维护的需求，提高了基础设施的耐久性和安全性。

4.4 压电混凝土

4.4.1 压电材料的基础原理

压电材料是一类在受到机械应力时能够产生电荷从而实现能量转换的材料。压电效应分为正压电效应和逆压电效应：正压电效应指材料在机械应力作用下产生电荷，逆压电效应指材料在电场作用下发生形变。利用这些特性，压电材料可以将机械能转换为电能，或将电能转化为机械运动。

- 压电效应的机理：压电效应源于晶体材料内部的电偶极子结构。当外力作用于压电材料时，晶体内部的电偶极子发生位移，导致材料的极化并产生电荷。这些电荷可以通过电极收集并转换为电能。
- 常见的压电材料：包括铅锆钛酸盐（PZT，见图 4-1）、石英、钛酸钡（BTO）等。PZT由于其高压电系数和良好的温度稳定性，广泛应用于传感器、致动器和能量收集器中。

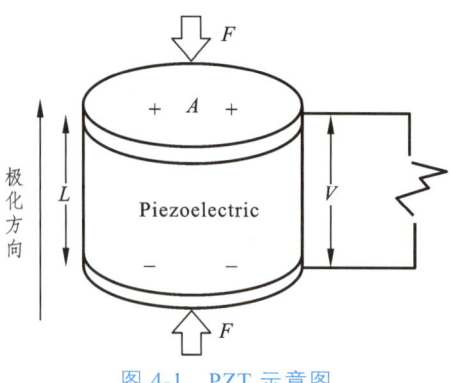

图 4-1 PZT 示意图

压电材料在智能混凝土中的应用主要体现在能量收集和自供电传感器的开发上,通过将压电材料嵌入混凝土结构中,可以实现对环境机械能的高效利用。

4.4.2 压电混凝土的制作与应用

压电混凝土是通过在传统混凝土中引入压电材料,使其具备能量收集和自供电功能的智能材料。压电混凝土的制作需要考虑压电材料的分布、导电网络的建立以及混凝土的力学性能。

- 压电材料的掺入方式:常见的方式包括将压电陶瓷粉末直接掺入混凝土中,或将压电纤维、薄膜埋入混凝土结构中。为了保证压电效应的发挥,材料的均匀分布和良好的界面结合是关键。
- 压电混凝土的能量收集性能:通过车辆荷载、行人运动等引起的机械应力,压电混凝土能够在道路、桥梁等结构中产生电能。这些电能可以用于驱动嵌入式传感器、LED 照明或存储在电池中供后续使用。
- 压电混凝土的实际应用:在一些智能交通系统中,压电混凝土被用来为道路标志、信号灯供电,实现了能源自给。例如,在一些智能公路项目中,压电混凝土用于收集车辆行驶产生的能量,为公路照明系统提供电力支持。

压电混凝土的应用不仅提高了能源利用效率,还为基础设施的智能化管理提供了新的解决方案。然而,压电混凝土的广泛应用仍面临材料成本、能量收集效率等方面的挑战。

4.4.3 能量收集系统设计

能量收集系统是智能混凝土中一个重要的组成部分,其设计需要考虑能量源、能量转换效率、能量存储和管理等方面。

- 能量源选择:压电混凝土的能量来源主要包括车辆荷载、行人运动、风振动等机械能。选择合适的能量源是能量收集系统设计的第一步,通常根据应用场景和目标功能来确定。
- 能量转换模块:能量转换模块是系统的核心,其效率直接影响能量收集的效果。通过优化压电材料的分布和导电网络的设计,可以提高能量转换效率。此外,能量转换电路的设计也是关键,常用的方案包括整流电路、升压电路等。
- 能量存储与管理:收集到的电能需要经过适当的存储和管理,以保证能量的稳定供应。常用的存储设备包括超级电容器、锂离子电池等。能量管理系统则负责调控能量的输入输出,确保传感器、照明系统等设备的正常运行。

在智能混凝土中，能量转换与存储技术的发展对于实现自供电结构和智能化管理具有重要意义。

- 能量转换技术：除了压电材料外，热电材料、光伏材料等也在智能混凝土的能量转换中逐渐得到应用。例如，利用热电材料可以将温度梯度转化为电能，适用于高温环境下的混凝土结构。光伏材料则可以将太阳能直接转化为电能，应用于太阳能路面系统中。
- 能量存储技术：能量存储是能量收集系统中的关键环节。目前，超级电容器因其高功率密度和长循环寿命，成为能量存储的主要选择之一。锂离子电池则因其高能量密度，适用于长时间的电能供应。此外，智能混凝土中的储能系统还需要具备良好的环境适应性，能够在高湿、高温或低温环境中稳定工作。

通过对能量转换与存储技术的优化设计，可以进一步提升智能混凝土的功能性和实用性，为未来智能基础设施的发展提供支持。

4.5 智能混凝土的制造与工艺

智能混凝土作为一种先进的建筑材料，其制造与施工工艺直接影响其性能的发挥和应用效果。智能混凝土的制备工艺和施工质量控制直接影响智能混凝土的使用质量，包括材料选择、智能元件的嵌入、浇筑与养护、施工技术标准、质量控制方法等内容，以便为智能混凝土的实际应用提供理论指导和技术支持。

4.5.1 智能混凝土的制备工艺

1. 材料选择与配比设计

智能混凝土的材料选择与配比设计是其制备过程中的关键环节，直接影响到最终产品的性能和功能实现。智能混凝土除了基本的水泥、骨料和水，还需加入智能元件（如传感器、纳米材料、微胶囊等）以赋予其智能化特性。因此，在材料选择和配比设计时，必须考虑以下几个方面：

- 水泥：选择高性能水泥，如硅酸盐水泥、矿渣水泥等，以确保混凝土的强度和耐久性。同时，还应考虑水泥与智能元件的相容性，确保不会因化学反应或物理性能差异影响混凝土的整体性能。
- 骨料：骨料的选择应以高强度、低吸水率为标准。常用的骨料包括石灰石、花岗岩、玄武岩等。骨料的粒径分布应合理，以确保混凝土的密实度和工作性。此外，对于某些特殊应用，如高频振动场合，可以选择轻质骨料，以减轻结构自重。
- 水：水的选择通常遵循混凝土的常规要求，即应使用洁净、无杂质的水。水的用量对混凝土的工作性和强度影响重大，因此在设计配合比时，需根据智能元件的特点进行调整。例如，某些纳米材料可能需要额外的水分来保证其分散均匀性。
- 添加剂：为了提高智能混凝土的工作性、耐久性和与智能元件的相容性，常需加入各种化学添加剂，如减水剂、引气剂、增稠剂等。具体添加剂的选择应基于混凝土的使用环境和性能要求，同时避免与智能元件发生不良反应。
- 智能元件：是智能混凝土的核心部分，包括传感器、纳米材料、微胶囊等。智能元件的选择应考虑其功能性、耐久性和与混凝土基体的结合性。传感器的嵌入应确保其在混凝土硬化后仍能正常工作，纳米材料应在混凝土基体中形成良好的分散性，而微胶囊则应在混凝土裂缝出现时及时释放修复剂。

4.5.2 智能元件的嵌入与分布

智能元件的嵌入与分布是智能混凝土制造工艺中的一项重要步骤，其目的是确保智能元件能够在混凝土结构中充分发挥作用，并与混凝土的整体性能相协调。

- 传感器嵌入：传感器是智能混凝土中的关键元件，负责实时监测混凝土的健康状况。传感器的嵌入位置应根据监测目标和结构特点来确定。对于桥梁、隧道等大型结构，应在关键部位（如支座、拱顶、接缝处）嵌入传感器，以获得最具代表性的应力、应变数据。此外，传感器的安装应避免在混凝土振捣和浇筑过程中受到损坏，通常可采用预制安装或嵌入式安装技术。

- 纳米材料分布：纳米材料在智能混凝土中的作用通常是增强材料性能或赋予材料感知功能。为了确保纳米材料的均匀分布，通常在混凝土搅拌过程中加入纳米材料，并通过高速搅拌或超声波分散等技术，确保纳米颗粒均匀分散在混凝土基体中。需要注意的是，纳米材料的高比表面积可能会增加混凝土的水化热和早期收缩，因此在设计配合比时应进行适当调整。

- 微胶囊嵌入：微胶囊技术常用于自修复混凝土中，通过在混凝土中引入含有修复剂的微胶囊，当裂缝出现时，微胶囊破裂并释放修复剂。微胶囊的分布应尽可能均匀，以确保整个混凝土结构具备自我修复能力。通常，微胶囊与骨料、砂浆一起混合，以确保其在混凝土中的均匀分布。同时，微胶囊的壁厚和尺寸应经过优化设计，以确保其在混凝土振捣过程中不会破裂。

4.5.3 智能混凝土的浇筑与养护

智能混凝土的浇筑与养护是确保其最终性能的重要环节，特别是由于智能元件的存在，使得浇筑和养护过程更加复杂。

- 浇筑：智能混凝土的浇筑工艺与传统混凝土类似，但由于其含有智能元件，需要特别注意浇筑过程中的振捣和成形。过度振捣可能导致智能元件损坏或移位，而振捣不足则可能导致混凝土不密实或夹杂空气。因此，应根据具体智能元件的特性调整振捣工艺，如使用低频振捣或手动振捣等方式，以避免对智能元件造成不利影响。

- 养护：混凝土的养护对其最终性能影响极大，智能混凝土亦不例外。由于智能混凝土中含有传感器、纳米材料等智能元件，养护时需要特别关注温度、湿度等环境因素的控制。湿度养护是最常用的方式，通过保持混凝土表面的湿润，防止早期干燥收缩。对于含有纳米材料的混凝土，养护期间应避免急剧温度变化，以防止纳因米材料引发的不均匀膨胀。此外，传感器的电气性能在养护期间可能受到水分和温度的影响，因此在养护过程中应进行定期检查，确保传感器正常工作。

4.5.4 制备工艺中的常见问题及解决方法

在智能混凝土的制备过程中，常见问题主要集中在材料不均匀、智能元件损坏、早期收缩和开裂等方面。为了解决这些问题，以下是一些常见的对策。

- 材料不均匀：材料的不均匀分布会导致混凝土性能的不一致，特别是纳米材料和微胶囊等难以分散的组分。为解决这一问题，可采用超声波分散、高速搅拌等技术，确保材料在混凝土中的均匀分布。此外，还可以通过调整配合比和添加分散剂来提高材料的均匀性。

- 智能元件损坏：智能元件在混凝土制备和施工过程中容易受到机械损伤，导致其性能下降。为避免这种情况，应在传感器和微胶囊的嵌入过程中采取保护措施，如在传感器外部包覆一层保护层，或使用专用的嵌入装置。此外，振捣和浇筑过程中的控制也非常重要，应避免过度振捣或剧烈碰撞。
- 早期收缩和开裂：早期收缩是混凝土在硬化过程中因水分蒸发而产生的体积收缩，容易导致表面开裂，影响混凝土的耐久性。为减少早期收缩和开裂风险，可通过增加湿度养护时间、使用减水剂或引入膨胀剂等方法来控制收缩应力。同时，对于自修复混凝土，微胶囊的及时破裂和修复剂的有效释放也是控制裂缝扩展的关键。
- 材料的耐久性：智能混凝土中的智能元件（如传感器、纳米材料等）在长期服役过程中可能会受到环境的腐蚀和老化，影响其性能。为提高智能混凝土的耐久性，可以采用耐腐蚀材料或在智能元件表面涂覆保护层。此外，通过优化混凝土配合比，降低孔隙率和水灰比，也可以提高混凝土的抗腐蚀能力。

4.6 智能混凝土的施工与质量控制

4.6.1 施工技术要求与标准

智能混凝土的施工技术要求与传统混凝土有许多相似之处，但由于其独特的智能元件与功能特性，施工过程中需要遵循更为严格的标准和规范。

- 施工准备：施工前必须进行详细的施工方案设计，确保智能元件的布局合理，传感器布线、安全防护等工作到位。施工现场应具备良好的施工条件，包括足够的电力供应、适宜的环境温度和湿度控制措施。
- 浇筑与振捣：智能混凝土的浇筑应分层进行，每层的厚度和振捣时间应根据具体的智能元件类型和混凝土配合比来确定。振捣时，应特别注意对智能元件的保护，避免振捣棒与传感器或其他元件发生直接接触。此外，为确保混凝土的均匀性，应采用专业的施工工具，如机械振动器或手动抹平工具。
- 模板与支撑系统：智能混凝土的模板应具备足够的强度和刚度，以防止在浇筑过程中发生变形。支撑系统应设计合理，能够承受混凝土的自重和施工荷载，并确保智能元件的正确定位。模板拆除时间应根据混凝土的强度发展情况和传感器的安装位置来确定，避免对智能元件造成损害。
- 现场监控：在施工过程中，应通过专用的监控设备实时监测混凝土的施工质量和智能元件的工作状态。应及时采集和分析传感器数据，确保混凝土结构的健康状况。

4.6.2 现场传感器布置与数据采集

传感器的布置和数据采集是智能混凝土施工中的关键环节，直接影响到后期结构健康监测和智能功能的实现。

- 传感器布置原则：传感器的布置应基于结构的受力特点和监测需求。对于大型结构，如桥梁和隧道，传感器应布置在关键部位（如支座、跨中、接缝处），以监测结构的应力、应变和裂缝情况。对于地基或基础设施，则应布置在受力集中区或可能发生沉降的区域。
- 布置方法：传感器的布置通常采用嵌入式、表面粘贴或预埋等方式。嵌入式传感器需在混凝土浇筑前安装在预定位置，确保其不受振捣和浇筑影响。表面粘贴传感器则多用于混凝土硬化后的监测，常用于裂缝宽度或表面温度的检测。
- 数据采集系统：包括传感器、数据采集器、信号传输装置和数据处理软件。传感器将物理量（如应力、温度）转化为电信号，数据采集器则负责收集这些信号并传输至中央处理系统。数据处理软件对采集的数据进行分析和存储，为后续的结构健康评估提供依据。
- 数据管理与存储：在长期监测过程中，对传感器数据需要有效地管理与存储。应建立数据管理系统，对数据进行分类、存档和定期备份，以防止数据丢失。同时，数据的安全性也应得到保障，避免未经授权的访问和篡改。

4.6.3 质量控制与检验方法

智能混凝土的质量控制涉及从材料采购、施工到最终成品检测的全过程。有效的质量控制不仅确保了智能混凝土的施工质量，还能保证其智能功能的可靠性。
- 材料质量控制：材料的质量直接影响到智能混凝土的性能。因此，在材料采购阶段，应严格控制水泥、骨料、添加剂和智能元件的质量。材料入场时，应进行抽样检测，确保其符合设计要求和相关标准。
- 施工过程控制：主要包括混凝土的搅拌、运输、浇筑、振捣和养护等环节。施工中应对每一环节进行实时监控，如控制搅拌时间、运输时间、浇筑厚度和振捣频率等。特别是对于传感器的安装和嵌入，应采用专用的检测设备进行质量检验，确保其正确定位和正常工作。
- 成品检验：混凝土施工完成后，应进行成品的质量检验。常规检验项目包括混凝土的抗压强度、密实度、表面平整度等。此外，还应对智能元件进行功能测试，如传感器的灵敏度、响应时间等。通过对成品的全面检测，评估智能混凝土的整体质量和智能功能的实现情况。
- 缺陷修复与纠正：如果在质量检验中发现缺陷或问题，应及时采取修复措施。例如，对于传感器的安装偏差，可以通过二次定位或加装补偿装置来纠正。对于混凝土表面的缺陷，如裂缝或气泡，则可以采用补浆、打磨等方法进行修复。

4.7 智能混凝土的应用与案例分析

智能混凝土作为一种新兴的工程材料，具有自感知、自修复、能量收集等多种智能化功能，在基础设施建设中展现出了巨大的应用潜力和发展前景。智能混凝土在桥梁、隧道、道路、机场跑道、高层建筑、水利工程等领域都得到很好的应用，尤其在特殊环境（如极寒、海洋、高温、地震区）下的性能表现优良。

4.7.1 基础设施中的智能混凝土

1. 桥梁与隧道结构监测

桥梁与隧道是交通运输网络的重要组成部分，其结构的安全性和耐久性对公共安全和经济发展具有重大影响。然而，由于长期受到交通荷载、环境侵蚀等的影响，桥梁与隧道结构容易出现裂缝、变形等问题，亟需先进的监测手段来确保其安全性。智能混凝土因其嵌入式传感器和自感知能力，为桥梁与隧道的结构监测提供了新的解决方案。

- **桥梁结构监测**：智能混凝土在桥梁结构中的应用主要体现在对桥梁应力、应变、裂缝发展的实时监测。例如，在桥梁的主梁、桥墩等关键部位嵌入光纤传感器、电阻应变片等传感元件，通过对传感器数据的实时采集，可以监测桥梁在车辆荷载和环境变化下的结构响应。一些大型桥梁，如我国的港珠澳大桥已经开始试验性应用智能混凝土，利用其传感功能实现桥梁的长期健康监测，从而提高桥梁的运营安全性和寿命。
- **隧道结构监测**：隧道通常处于复杂的地质条件和地下水环境中，施工难度大且风险高。智能混凝土可以通过嵌入式传感器实时监测隧道结构中的应力分布、渗水情况和温度变化。例如，在隧道衬砌中嵌入光纤传感器，可以实现对隧道围岩压力和衬砌应力的长期监测，及时发现并预防结构失效。

2. 道路与机场跑道的自我修复应用

道路和机场跑道长期承受重载车辆和飞机的反复碾压，容易产生裂缝和损伤，导致路面性能下降和维护成本增加。传统的修复方式需要频繁的人工维护，不仅成本高，而且影响交通。智能混凝土的自我修复功能为解决这一问题提供了创新的解决方案。

- **道路自我修复**：智能混凝土在道路中的应用主要体现在其自我修复能力上。通过在混凝土中加入自愈合材料，如微胶囊、菌种等，当道路出现裂缝时，修复材料可以自动释放，填补裂缝，恢复路面的完整性。这种自修复技术已经在一些高速公路和城市道路中进行了试验应用。例如，在荷兰的一些高速公路上，采用了智能混凝土技术，显著降低了道路维护频率和成本，提高了道路的使用寿命。
- **机场跑道自我修复**：机场跑道由于要承受飞机起降的巨大荷载，对其表面的完整性要求极高。智能混凝土通过自我修复技术可以有效应对跑道表面裂缝的问题，确保跑道的安全性和耐久性。

3. 高层建筑中的安全监测

随着城市化进程的加快，高层建筑越来越多，其结构的安全性和稳定性成为关注的焦点。高层建筑由于高度大、受力复杂，容易受到风荷载、地震等因素的影响。智能混凝土通过其自感知功能，可以为高层建筑的安全监测提供有效的技术支持。

- **结构应力监测**：在高层建筑的核心筒、楼板和柱子等关键受力部位，嵌入智能混凝土传感器，能够实时监测建筑在风荷载、地震等作用下的应力变化。通过数据的实时采集和分析，可以及时发现结构异常，防止灾害发生。
- **振动监测**：高层建筑在风荷载或地震作用下容易发生振动，严重时可能导致结构疲劳或损伤。智能混凝土中嵌入的传感器可以监测建筑的振动频率和幅度，通过数据分析评估建筑的安全性和稳定性。

4. 水利工程中的智能应用

水利工程，如大坝、堤防、渠道等，通常位于自然环境中，长期受到水流、温度变化和环境侵蚀的影响，容易发生渗漏、裂缝等问题，威胁到工程的安全性和耐久性。智能混凝土在水利工程中的应用，为这些问题的解决提供了新途径。

- **大坝监测**：大坝是水利工程中的重要结构之一，其安全性直接关系到下游地区的生命财产安全。智能混凝土通过嵌入光纤传感器和电阻应变片等元件，可以实时监测大坝的应力、温度和渗水情况，及时发现可能的结构问题。

- 堤防与渠道：堤防与渠道的长期稳定性对于防洪抗旱具有重要意义。智能混凝土可以通过传感器监测堤防和渠道的沉降、渗漏和裂缝发展，防止因结构失效导致的灾害。例如，在欧洲的一些主要河流堤防工程中，智能混凝土用于实时监测堤防的健康状态，提高了防洪能力。

4.7.2 特殊环境下的智能混凝土

1. 极寒地区的智能混凝土应用

极寒地区因其独特的气候条件，对建筑材料的耐久性等性能提出了极高的要求。传统混凝土在低温下容易发生冻融损伤，导致结构性能下降。智能混凝土通过改性材料和嵌入式传感技术，能够显著提高在极寒环境中的耐久性和安全性。

- 抗冻性增强：智能混凝土在极寒地区应用的一个关键点是提高其抗冻性。通过掺入纳米材料和抗冻剂，智能混凝土能够有效减少冻融循环对材料的损害。此外，智能传感器可以实时监测混凝土的内部温度和水分含量，防止因水分冻结膨胀引起的裂缝。例如，在加拿大和俄罗斯的一些寒冷地区，智能混凝土已经用于机场跑道和公路建设，提高了这些设施的使用寿命和安全性。

- 低温下的自我修复：在极寒环境中，混凝土的裂缝修复变得更加困难。智能混凝土可以通过在低温下释放修复剂或激活自愈合机制，实现裂缝的自我修复。例如，北极圈内的一些基础设施项目已经开始试验使用具有低温自修复能力的智能混凝土，以确保结构在极端环境下的长期稳定性。

2. 海洋环境中的耐久性提升

海洋环境因其高湿度、高盐度和强腐蚀性，对混凝土结构提出了严峻的挑战。传统混凝土在海洋环境中容易受到氯离子侵蚀和钢筋锈蚀，导致结构强度下降和耐久性降低。智能混凝土通过其特殊的材料配比和智能化功能，在海洋环境中表现出更优越的性能。

- 抗腐蚀性能增强：智能混凝土在海洋环境中的应用重点是提高其抗腐蚀性能。通过在混凝土中掺入纳米二氧化硅、石墨烯等材料，可以显著降低氯离子的渗透速度，防止钢筋锈蚀。同时，嵌入的传感器可以实时监测混凝土的电化学状态，预测和预防钢筋腐蚀。例如，在沿海桥梁和海上平台的建设中，智能混凝土已被用来延长结构的使用寿命，减少维护成本。

- 自我修复功能：海洋环境中的裂缝修复尤为重要，因为裂缝会加速氯离子的渗入，导致严重的腐蚀问题。智能混凝土通过自我修复技术，可以在裂缝初期通过释放修复剂或激活微生物，自动愈合裂缝，阻止腐蚀的进一步发展。在欧洲的一些海港工程中，智能混凝土被用于关键部位的建设，有效提升了结构的抗腐蚀能力和耐久性。

3. 高温环境下的性能优化

在高温环境中，混凝土容易因温度变化导致热胀冷缩，产生裂缝和内部应力，影响结构的稳定性和耐久性。智能混凝土通过材料的热学改性和智能传感技术，可以在高温环境下保持稳定的性能。

- 耐高温材料应用：智能混凝土在高温环境中的应用首先需要提高其耐高温性能。通过掺入耐高温的陶瓷纤维、矿物掺合料等，智能混凝土可以在高温下保持较高的强度和稳定性。

此外，智能传感器可以监测混凝土在高温下的温度分布和应力变化，帮助调整结构设计和施工工艺。例如，在中东地区的一些高温建筑项目中，智能混凝土被用于高层建筑和地下结构的施工，显著提高了其耐高温性能。

• 热应力监测与调控：智能混凝土中的传感器能够实时监测结构内部的热应力变化，通过数据分析可以指导施工过程中采用适当的冷却或加热措施，防止温度应力引起的裂缝。

4. 地震区中的结构安全监测

地震区的建筑结构需要具备强大的抗震能力，以抵御地震带来的巨大破坏力。智能混凝土通过嵌入式传感器和应力感知功能，可以实现地震区结构的实时监测和早期预警，大幅提高建筑的抗震安全性。

• 实时地震监测：智能混凝土中的应变片、加速度传感器等设备能够实时监测建筑在地震中的应力应变情况，提供详尽的地震反应数据。这些数据不仅可以用于评估结构的安全性，还能为地震后的快速修复提供依据。例如，在日本和智利的高地震风险地区，智能混凝土已经被应用于桥梁、隧道和高层建筑的建设中，用于实时监测地震对结构的影响。

• 结构健康评估与预警：智能混凝土的传感器网络能够在地震发生前提供结构健康预警，提示潜在的结构弱点或损伤风险。通过对历史监测数据的分析，可以预测结构在未来地震中的表现，并提前采取加固措施。

4.8 智能混凝土的未来发展

随着科学技术的进步，智能混凝土的发展进入了一个新的阶段。未来，智能混凝土将更加广泛地与新兴技术相结合，实现功能的多样化和应用的深入化。本部分将探讨智能混凝土未来发展的新兴技术、可能面临的研究与产业化挑战，以及智能混凝土的法规与标准化工作，为推动智能混凝土的广泛应用提供理论和实践指导。

4.8.1 智能混凝土的新兴技术

1. 人工智能与大数据在智能混凝土中的应用

人工智能（AI）和大数据技术在现代工程中的应用日益广泛，它们在智能混凝土领域的应用也逐渐成为研究的热点。这些技术的融合可以显著提高智能混凝土的感知能力、数据处理能力和决策能力，从而推动智能混凝土在工程中的应用。

• 人工智能的应用：人工智能可以通过机器学习、深度学习等技术，分析和处理来自智能混凝土传感器的数据。这些数据包括应力应变、温度、湿度等物理参数，人工智能可以通过这些数据预测混凝土的健康状况、寿命以及潜在的风险。例如，基于 AI 的预测模型可以实时分析桥梁的结构健康数据，提前识别可能的故障点，从而采取预防措施，避免灾难性事故的发生。

• 大数据分析：智能混凝土传感器网络生成的数据量庞大，通过大数据技术可以有效地存储、管理和分析这些数据。大数据分析可以帮助工程师更好地理解混凝土结构的长期行为，识别常见的损伤模式，并优化结构设计和维护策略。例如，通过大数据分析，可以发现某些特定环境下混凝土结构的劣化规律，从而制定更加精准的维护计划。

• AI 与大数据的融合：人工智能与大数据技术的结合，将进一步提升智能混凝土的智能化水平。例如，基于大数据的 AI 模型可以在更广泛的工程场景中进行训练和优化，使得智能混凝土的预测模型更加准确和可靠。此外，这种技术的融合还可以实现智能混凝土在复杂环境中的自适应功能，如在极端气候条件下自动调节结构行为，以提高其耐久性。

未来，随着人工智能和大数据技术的不断发展，它们在智能混凝土中的应用将越来越广泛，不仅能够提高工程的安全性和效率，还能降低成本，推动建筑行业的智能化转型。

2. 3D 打印技术的集成

近年来，3D 打印技术在建筑领域取得了显著进展，其与智能混凝土的集成为建筑行业带来了巨大的创新潜力。通过 3D 打印技术，可以在施工过程中灵活地使用智能混凝土，实现复杂结构的精准构建，并充分发挥智能混凝土的自感知和自修复功能。

- 3D 打印技术的优势：可以实现建筑结构的快速成型和定制化建造，特别是在非标准结构和复杂几何形状的构建中表现出色。与传统施工方法相比，3D 打印技术能够显著减少材料浪费、提高施工效率，并降低人工成本。
- 智能混凝土与 3D 打印的结合：可以使建筑结构不仅具备基本的承重功能，还具有自感知、自修复等智能功能。例如，通过 3D 打印技术，可以在结构内部精确地嵌入传感器网络，实时监测结构的健康状况。同时，通过分层打印，可以将自修复材料精确地布置在易损部位，从而实现局部自动修复功能。
- 应用场景：智能混凝土 3D 打印技术在桥梁、建筑物、道路等领域具有广阔的应用前景。特别是在灾后重建、临时建筑、偏远地区的基础设施建设等场景中，3D 打印技术能够快速响应，并提供高质量的建筑解决方案。例如，在一些地震灾区，3D 打印技术可以与智能混凝土相结合，快速建造具备高抗震性能和自修复能力的应急住房。
- 挑战与前景：尽管 3D 打印技术在建筑领域具有巨大潜力，但其与智能混凝土的集成仍面临一些技术挑战，如打印精度、材料性能的稳定性、传感器集成技术等。未来的研究应关注如何优化 3D 打印技术与智能混凝土的兼容性，进一步提高其在实际工程中的应用效果。

4.8.2 未来智能材料的发展方向

智能混凝土的发展离不开新型智能材料的创新。未来的智能材料将更加强调多功能性、环境适应性和可持续性，以满足智能建筑和基础设施的多样化需求。

- 多功能智能材料：未来的智能材料将不仅局限于单一的感知或修复功能，而是向多功能集成化方向发展。例如，研究者们正在开发一种能够同时具备自感知、自修复和能量收集功能的智能材料，通过在混凝土中嵌入多种功能化纳米材料，实现材料的多功能集成。
- 自适应材料：能够根据外部环境变化自动调整其性能，以提高结构的耐久性和适应性。例如，一种新型的自适应混凝土材料可以在高温或低温环境中自动调节其热导率和弹性模量，从而维持结构的稳定性和安全性。这类材料在极端气候条件下的建筑和基础设施中具有重要应用前景。
- 绿色智能材料：随着可持续发展理念的深入，未来的智能材料将更加注重环境友好性和资源节约。绿色智能材料不仅具有低碳排放和可回收性，还能通过材料自身的功能减少对环境的影响。例如，一种能够吸收二氧化碳并固化为碳酸盐的智能混凝土材料，不仅具备自修复功能，还能在使用过程中主动减少碳排放。

- **纳米技术与智能材料的融合**：纳米技术的发展为智能材料的创新提供了强大支持。通过将纳米传感器、纳米纤维和纳米颗粒等集成到智能混凝土中，可以显著提高材料的感知灵敏度、修复能力和机械性能。例如，碳纳米管和石墨烯等纳米材料在增强智能混凝土的导电性和抗裂性方面展现出了巨大潜力。

4.8.3 研究与产业化挑战

尽管智能混凝土的发展前景广阔，但其研究与产业化过程中仍面临诸多挑战。这些挑战主要集中在技术成熟度、产业化路径、标准化和市场接受度等方面。

- **技术成熟度**：目前，智能混凝土的许多关键技术尚处于实验室研究阶段，离大规模应用还有一定距离。例如，传感器的嵌入、纳米材料的分散、自修复机制的触发等技术仍需进一步优化，以确保在实际工程中能够稳定可靠地发挥作用。
- **产业化路径**：智能混凝土的产业化需要建立在成熟的生产工艺和完善的供应链基础上。由于智能混凝土涉及多种新型材料和智能元件，其生产工艺较为复杂，尚需制定统一的生产标准和质量控制流程。此外，产业链的各环节需要紧密合作，以确保智能混凝土的原材料供应、制造、施工和维护能够形成一体化的解决方案。
- **标准化与规范**：智能混凝土的推广应用离不开完善的标准化工作。当前，智能混凝土领域的标准和规范还不够完善，特别是在智能元件的集成、施工工艺、性能检测等方面，需要制定更加细致的行业标准。这将有助于提高智能混凝土的应用安全性和工程质量。
- **市场接受度**：智能混凝土的市场接受度仍需进一步提高。由于智能混凝土的初始成本较高，一些工程项目对其经济效益存在顾虑。此外，市场对智能混凝土的认识和理解还不够深入，亟需加强技术宣传和市场推广工作，让更多的工程师和建设者了解智能混凝土的优势和应用前景。

本章思考题

1. 智能混凝土与普通混凝土的区别是什么？
2. 智能混凝土中常见的传感器有哪些？
3. 自修复混凝土的工作原理是什么？
4. 压电混凝土是怎么实现的？
5. 智能混凝土的制造工艺流程有哪些？
6. 智能混凝土的发展方向有哪些？
7. 在设计一个桥梁的智能混凝土结构时，传感器应嵌入哪些关键部位？
8. 描述自修复混凝土的化学自愈合机制的基本原理，并给出一个实际应用案例。
9. 比较传统混凝土与智能混凝土在维护和管理成本上的差异，讨论其对大型基础设施项目的经济影响。

第 5 章 压电材料

5.1 压电材料基础

5.1.1 压电材料概述

1. 压电效应的历史与发展

压电效应的发现可以追溯到 1880 年,当时法国物理学家皮埃尔·居里(Pierre Curie)和雅克·居里(Jacques Curie)首次发现了在某些晶体材料(如石英)中,施加机械压力可以产生电荷的现象。这种现象被称为"压电效应",即机械能和电能之间的直接转换。

早期的研究主要集中在天然晶体材料,如石英和电气石上,直到 20 世纪中叶,压电陶瓷材料的开发才真正推动了压电效应的广泛应用。第二次世界大战期间,压电材料被用于声纳技术中,这标志着压电材料在工程领域的重要性开始显现。

进入 20 世纪后半叶,铅锆钛酸盐(PZT)等压电陶瓷材料的出现极大地提高了压电效应的效率,压电材料的应用范围迅速扩展到电子、医疗、工业自动化等领域。近年来,随着纳米技术的发展,压电材料的研究进入了新的阶段,纳米压电材料的出现为未来压电技术的发展提供了更多的可能性。

2. 压电材料的基本原理

压电现象是 100 多年前居里兄弟研究石英时发现的,当你在点燃煤气灶或热水器时,就有一种压电陶瓷已悄悄地为你服务了一次。生产厂家在这类压电点火装置内,藏着一块压电陶瓷,当用户按下点火装置的弹簧时,传动装置就把压力施加在压电陶瓷上,使它产生很高的电压,进而将电能引向燃气的出口放电,于是,燃气就被电火花点燃了。压电陶瓷的这种功能就叫作压电效应。

压电效应的原理是,如果对压电材料施加压力,它便会产生电位差(称之为正压电效应),反之施加电压,则产生机械应力(称为逆压电效应)。如果压力是一种高频振动,则产生的就是高频电流。而高频电信号加在压电陶瓷上时,则产生高频声信号(机械振动),这就是我们平常所说的超声波信号。也就是说,压电陶瓷具有机械能与电能之间的转换和逆转换的功能,这种相互对应的关系确实非常有意思。

压电材料可以因机械变形产生电场,也可以因电场作用产生机械变形,这种固有的机-电耦合效应使得压电材料在工程中得到了广泛的应用。例如,压电材料已被用来制作智能结构,此类结构除具有自承载能力外,还具有自诊断性、自适应性和自修复性等功能,在未来的飞行器设计中占有重要的地位。

压电材料的基本原理基于它们在受到机械应力时能够产生电荷,反之,在施加电场时会发生机械形变。主要分为正压电效应和逆压电效应。
- 正压电效应：在材料受力变形的过程中，内部产生极化，导致材料表面出现电荷，这种效应用于传感器和能量采集器中。
- 逆压电效应：当对材料施加电场时，材料内部晶体结构发生微小位移，导致材料的物理形变，这一效应在致动器和声波发生器中得到应用。

压电效应的强度取决于材料的晶体结构和压电常数，后者决定了材料在机械应力与电信号之间转换效率的高低。

3. 压电材料的分类

压电材料可以根据其组成和结构分为以下几类。
- 天然压电材料：如石英、水晶、电气石，这些材料通常具有较低的压电常数，但因其天然的稳定性和独特的物理性质，在某些应用中依然广泛使用。
- 压电陶瓷材料：如铅锆钛酸盐（PZT）、钛酸钡（$BaTiO_3$），这类材料具有较高的压电效应，广泛应用于传感器、致动器、超声波设备等领域。
- 压电聚合物材料：如聚偏氟乙烯（PVDF），具有良好的柔韧性和机械性能，适合在需要弯曲或变形的场景中使用，如柔性传感器。
- 纳米压电材料：如 ZnO 纳米线、PZT 纳米纤维，这些材料在纳米尺度下展现出独特的压电性能，具有巨大的应用潜力。

4. 压电材料的常见类型及特性

- 石英（SiO_2）：天然的压电材料，具有良好的稳定性和高 Q 值，常用于频率控制和时钟晶体振荡器中。
- 铅锆钛酸盐（PZT）：最常用的压电陶瓷，具有高压电常数和良好的介电性能，适用于大多数工业和消费电子领域。
- 钛酸钡（$BaTiO_3$）：具有良好的压电和介电性能，但机械强度较低，多用于传感器和电容器。
- 聚偏氟乙烯（PVDF）：一种具有良好柔性和强压电效应的聚合物材料，适用于可穿戴设备和柔性传感器。
- ZnO 纳米线：一种新型纳米压电材料，展示出极高的压电性能，适用于纳米电子器件和能量采集系统。

5.1.2 压电效应的物理基础

1. 晶体结构与压电效应

压电效应的本质源于材料的晶体结构。具有压电效应的材料通常具有非中心对称的晶体结构。当施加机械应力时，这些材料的晶格会发生形变，导致电偶极矩的变化，进而在材料表面产生电荷。

在这些材料中，晶体结构的排列方式决定了其压电性质。例如，在石英中，六方晶系的晶格结构使其在受到剪切力时产生电荷。而在 PZT 陶瓷中，由于其钙钛矿结构，压电效应尤其显著。

2. 压电常数与材料性能

压电常数（通常用 d 表示）是描述材料压电性能的重要参数。它反映了单位应力或电场作用下材料产生的极化强度或机械应变的大小。压电常数的大小决定了压电材料在传感、致动等应用中的效率。

不同材料的压电常数差异较大，如 PZT 的压电常数通常在 200~500 pC/N 范围内，而石英的压电常数则相对较小，仅为 2~3 pC/N。这些差异使得不同材料适用于不同的应用场景。

3. 温度、频率对压电效应的影响

压电材料的性能受到环境条件的显著影响。

- 温度：压电效应随着温度的变化而变化。一般而言，温度升高会导致材料的压电常数下降，且高温可能会导致压电陶瓷材料退极化，从而失去其压电性能。
- 频率：压电材料的响应速度与外部施加频率密切相关。在高频下，某些材料可能表现出不同的压电响应，甚至在共振频率附近表现出极高的效率。然而，过高的频率可能导致材料内的机械损耗增加，影响其稳定性和寿命。

5.1.3 压电材料的制备与加工

1. 压电陶瓷的制造工艺

压电陶瓷的制造工艺主要包括以下几个步骤：

- 原材料准备：包括氧化物或碳酸盐的称量与混合。
- 粉体制备：通过球磨、干燥和筛分等步骤将混合物制备成均匀的粉末。
- 烧结成型：粉末在高温下烧结，使颗粒间形成强键，从而获得致密的陶瓷块体。
- 极化处理：在烧结后的陶瓷材料上施加强电场，使其内部的电偶极矩定向排列，赋予材料永久性的压电性能。
- 加工与修整：最后，对陶瓷块体进行切割、打磨和电极沉积，使其达到应用要求的尺寸和形状。

2. 压电聚合物的合成与应用

压电聚合物的制备通常采用溶液聚合法或熔融挤出法进行。以 PVDF 为例，其制备过程包括以下步骤：

- 溶液制备：将 PVDF 粉末溶解在合适的溶剂中形成均匀的聚合物溶液。
- 成膜：将聚合物溶液涂布或浇铸在基底上，形成均匀的薄膜。
- 极化处理：在聚合物薄膜上施加电场，进行极化处理，以获得压电性能。
- 应用开发：压电聚合物可以用于制作柔性传感器、能量采集器和声波探测器等。

3. 纳米压电材料的制备

纳米压电材料的制备通常涉及复杂的化学和物理方法，如水热法、电纺丝法和化学气相沉积法等。以下是一些常见的纳米压电材料制备方法。

- 水热法：在高温高压条件下，通过溶液中的化学反应生成纳米压电材料，如 ZnO 纳米线。
- 电纺丝法：通过在高电压下拉伸聚合物溶液或熔体，形成纳米级纤维状压电材料，如 PZT 纳米纤维。

- 化学气相沉积法（CVD）：在基底表面通过气相化学反应生长纳米级压电薄膜或结构。

4. 压电材料的表征与测试方法

压电材料的性能表征与测试是评价其应用潜力的重要环节，常用的测试方法包括：
- 压电常数测量：使用静态和动态测试方法测量材料的 d 常数，以评估其压电响应。
- 介电性能测试：测量材料的介电常数和介电损耗，以了解其在电场下的行为。
- 机械性能测试：评估材料的硬度、韧性和弹性模量，以确保其在实际应用中的可靠性。
- 热分析：通过差示扫描量热法（DSC）和热重分析（TGA）评估材料的热稳定性和热机械性能。

5.2 压电材料在土木工程中的应用

5.2.1 土木工程中压电材料的引入

1. 土木工程材料的现状与挑战

现代土木工程面临着越来越复杂的挑战。传统建筑材料，如钢筋混凝土、木材、钢材和砖石，虽然具有广泛的适用性，但在某些关键领域已经显示出不足。建筑物和基础设施需要承受长期的环境侵蚀、动态荷载变化以及各种不可预测的自然灾害。这些因素导致了材料老化、结构性能下降，最终可能引发灾难性失效。因此，如何提升结构的耐久性、可靠性和自监测能力，成为了土木工程领域亟待解决的问题。

此外，随着智能城市和基础设施建设的推进，对土木工程材料提出了新的要求。这些材料不仅需要具有高强度和耐久性，还需要具备智能功能，如自感知、自适应和自修复能力。传统材料难以满足这些要求，因此，引入新型智能材料势在必行。

2. 压电材料在土木工程中的潜在优势

压电材料作为一种智能材料，具备电-机械耦合特性，能够在机械应力和电信号之间进行双向转换。这一独特的性能使压电材料在土木工程中展现出巨大的应用潜力。其优势主要体现在以下几个方面：
- 自感知能力：压电材料能够实时感知结构内部的应力和应变，并将其转换为电信号，实现对结构健康状态的实时监测。这种能力对于及时发现结构损伤和预测结构寿命具有重要意义。
- 自适应与振动控制：通过逆压电效应，压电材料可以用于主动控制结构振动，实现自适应结构设计。此功能在减震、隔震和抗震设计中尤为重要。
- 能量采集：压电材料能够从环境中的机械振动中采集能量，并将其转换为电能，供给低功耗传感器或无线通信装置。这一特性为基础设施的自供能监测系统提供了新的解决方案。
- 集成性与多功能性：压电材料可以与传统建筑材料集成，形成多功能复合材料，使得结构具备自感知、自修复等智能功能，从而显著提高结构的安全性和耐久性。

3. 压电材料在结构健康监测中的应用

结构健康监测（SHM）是指对土木结构的健康状态进行实时、连续的监测与评估，以确保结构的安全性和延长其使用寿命。压电材料在 SHM 中具有广泛的应用前景：

- 应力与应变监测：压电传感器可以嵌入或表面安装在结构中，用于实时监测结构内的应力和应变。当结构发生变形或损伤时，压电材料会产生相应的电信号，从而实现损伤定位与评估。
- 振动监测：压电材料可用于监测结构的振动特性，通过分析振动频率和模式的变化，可以早期发现结构的疲劳裂纹或损伤。
- 损伤识别与定位：利用压电材料阵列，可以通过声波传播路径的变化对结构内部的裂缝或空洞进行精确定位。这一技术在桥梁、隧道等大型基础设施的监测中具有重要应用价值。
- 长期性能监测：压电材料具有长期稳定性，适用于长期埋设在结构内部，提供持续的健康监测数据，有助于结构寿命的预测与维护决策。

5.2.2 压电传感器在土木工程中的应用

1. 压电传感器的设计与工作原理

压电传感器是利用压电材料的正压电效应，将结构的机械应力或振动转换为电信号的一种传感器。其设计通常包括以下几个关键部分：

- 压电元件：这是传感器的核心部分，通常由压电陶瓷或聚合物制成，用于感知机械应力或振动。
- 电极系统：压电元件的表面涂覆电极，用于收集压电效应产生的电荷，并将其转换为可测量的电信号。
- 外壳与封装：传感器外壳用于保护压电元件，防止其受到环境因素的影响，如湿度、温度变化和化学腐蚀。
- 信号调理电路：用于放大和过滤电信号，使之适合后续的信号处理与分析。

压电传感器的工作原理基于压电材料在受力时产生电荷，电极系统收集这些电荷并产生电压输出。这个电压信号与施加在压电元件上的应力或应变成正比，因此可以通过测量电压来获取结构的应力、应变或振动信息。

2. 应力和应变监测中的压电传感器

在土木工程中，压电传感器广泛应用于应力和应变的监测。其具体应用包括：

- 桥梁应力监测：压电传感器可嵌入桥梁的关键部位，如支座、梁和主缆，通过实时监测这些部位的应力变化，及时发现潜在的结构问题。
- 高层建筑的应变监测：在高层建筑中，压电传感器可以安装在柱、梁、墙体等承重结构中，实时获取应变数据，以确保建筑物在风载和地震等动态荷载作用下的安全性。
- 地下结构监测：压电传感器可用于隧道、地铁和地下管道的应力应变监测，尤其是在软土地基或地震活跃区，监测数据可以用于指导施工和运营维护。

3. 结构振动监测与压电材料

结构振动监测是确保土木工程结构安全和舒适的重要手段，压电材料在这一领域的应用包括：

- 动态响应分析：压电传感器能够实时捕捉结构在动态荷载下的振动响应，通过频谱分析，可以评估结构的固有频率、模态形状和阻尼特性。
- 疲劳裂纹检测：在疲劳荷载下，结构可能产生裂纹，压电传感器可以通过监测振动信号的变化，早期检测并定位疲劳裂纹。
- 地震响应监测：在地震发生时，压电传感器可以提供精确的振动数据，用于评估结构的抗震性能和损伤程度。

4. 桥梁和建筑物健康监测中的压电应用

桥梁和建筑物是土木工程中最重要的基础设施，压电材料在这些结构的健康监测中具有重要作用。

- 桥梁健康监测：通过在桥梁关键节点和结构构件中安装压电传感器，可以实时监测桥梁的应力应变状态，发现潜在的损伤部位，如桥面裂缝、支座老化等，确保桥梁的长期安全运营。
- 建筑物健康监测：在高层建筑中，压电传感器可以用于监测结构的整体振动特性和局部应变变化，特别是在地震等极端事件后，压电传感器能够提供及时的健康评估数据，指导结构修复。

5.3 压电材料在智能结构中的应用

5.3.1 智能结构的定义与概念

智能结构（Smart Structures）是指能够感知、响应环境变化并自适应调整的结构系统。它们通常集成了传感器、执行器和控制系统，实现对外部刺激（如荷载、温度、振动等）的自动响应。压电材料作为一种关键的智能材料，广泛应用于智能结构中，赋予结构自感知、自诊断和自修复的能力。

5.3.2 压电材料在自适应结构中的应用

自适应结构是智能结构的一个重要分支，能够根据外部环境的变化自动调整自身的形态或特性，以优化其性能。压电材料在自适应结构中的应用主要体现在以下几个方面：

- 形状控制：通过在结构中嵌入压电致动器，可以实现结构形状的主动控制，如翼梁变形控制、天线指向调整等。
- 振动抑制：利用压电材料的逆压电效应，设计主动控制系统，实时抑制结构的振动，提高结构的稳定性和舒适性。
- 自修复功能：压电材料可以在检测到损伤后，通过逆压电效应诱导局部修复机制，从而延长结构的使用寿命。

5.3.3 振动控制与压电致动器的应用

振动控制是压电材料在智能结构中的常见应用之一，主要包括以下几个方面：

- 主动振动控制：通过压电致动器施加反向力，主动抑制结构的振动，如在航空航天器和精密仪器中的应用。
- 隔震系统：利用压电材料的主动控制功能设计智能隔震系统，减轻地震和风载引起的结构振动，提高建筑物和桥梁的抗震性能。
- 主动噪声控制：压电致动器可以用于主动噪声控制，通过产生反向声波抵消噪声，应用于建筑物和交通设施的声学环境优化。

5.3.4 智能基础设施的未来展望

随着科技的进步,智能基础设施的概念日益受到重视。压电材料在这一领域的应用前景广阔,包括:

- 智慧城市建设:在智慧城市中,压电材料可以用于道路、桥梁和建筑物的健康监测和能量采集,支持城市基础设施的智能化管理。
- 自供能系统:利用压电能量采集技术,开发自供能传感器和监测系统,为智能基础设施提供持续、可靠的电力支持。
- 多功能复合材料:未来的智能基础设施中,将更加注重材料的多功能性,压电材料将与其他智能材料结合,形成集成化的复合材料,实现结构的多功能响应。

5.4 能量采集与压电材料

5.4.1 压电能量采集的基本原理

压电能量采集技术基于压电材料的正压电效应,将机械能(如振动、压力等)转换为电能。这一技术在不易获得电力供应的环境中,尤其是在分布式传感器网络和远程监测系统中具有重要应用。

压电能量采集的关键参数包括:

- 压电常数:决定了材料在应力作用下产生电荷的能力。
- 机械阻抗匹配:确保最大程度地将机械能传递给压电材料,以提高能量采集效率。
- 能量转换电路:将采集到的电能稳定地输出,供给低功耗电子设备使用。

5.4.2 基于压电材料的自供能传感器

自供能传感器是指无需外部电源,通过自身集成的能量采集系统供电的传感器系统。压电材料在这类传感器中的应用包括:

- 结构健康监测传感器:压电传感器在感知应力、振动的同时,通过自身产生的电能维持传感器的运行,实现持续的健康监测。
- 环境监测传感器:在远离电源的环境中,如森林、海洋等,自供能传感器可以通过环境振动、风能等进行能量采集,支持长期监测任务。
- 无线传感网络:压电材料生成的电能可以支持传感器的数据采集和无线通信功能,构建自供能的传感网络。

5.4.3 基础设施中的能量采集系统设计

在基础设施中,压电能量采集系统的设计需要考虑多个因素,以确保其高效、可靠运行。

- 安装位置选择:应选择振动、应力变化较大的位置,如桥梁支座、道路裂缝处,以最大化能量采集量。
- 能量转换效率优化:设计高效的能量转换和储存电路,以提高整体系统的能源利用率。

- 环境适应性：考虑温度、湿度、污染等环境因素对压电材料和能量采集系统性能的影响，确保系统长期稳定运行。

5.4.4 压电材料在可持续土木工程中的作用

压电材料在可持续土木工程中的作用体现在以下多个方面：
- 绿色能源供应：通过压电能量采集技术，基础设施可以部分依赖自身产生的电能，减少对外部能源的需求，实现能源自给自足。
- 延长结构寿命：通过压电传感器的实时监测，及时发现和修复结构问题，延长基础设施的使用寿命，降低资源消耗。
- 环境监测与响应：压电材料可以用于环境参数的监测，并实时调整基础设施的工作状态，以适应环境变化，提升工程的可持续性。

5.5 压电材料在土木工程中的未来发展

5.5.1 新型压电材料的发展趋势

随着材料科学的发展，压电材料的性能和应用领域不断拓展。未来的压电材料将在多功能性、环境适应性和可持续性方面取得更大进展。

目前，许多压电材料（如 PZT）含有铅，可能对环境造成危害。未来，研究人员将更加关注开发无铅压电材料，如钛酸钡（$BaTiO_3$）和钙钛矿结构的氧化物。这些材料不仅具有良好的压电性能，还能够满足环保要求。此外，生物基压电材料的开发也将成为一个重要方向，特别是在可降解和可再生材料方面的研究，有望为可持续土木工程提供新的解决方案。

5.5.2 3D 打印与压电材料在土木工程中的应用前景

3D 打印技术为土木工程中压电材料的应用带来了新的可能性。通过 3D 打印技术，压电材料可以被精确地集成到复杂结构中，实现更加个性化和优化的设计。

3D 打印技术可以将压电材料直接打印到建筑结构中，形成集成传感器和致动器的智能建筑元素。例如，墙体、梁柱等结构可以通过 3D 打印直接嵌入压电材料，形成具有自感知、自适应能力的智能结构。这种技术将大大简化智能建筑的设计和施工过程，降低成本，提高效率。此外，3D 打印还可以实现复杂形状和结构的制造，进一步拓展压电材料在土木工程中的应用范围。

5.5.3 多功能智能材料与压电材料的融合

未来，压电材料将与其他智能材料（如形状记忆合金、光致变色材料、磁性材料等）融合，形成多功能智能材料系统。这些系统将具有更加复杂和精确的功能，可以满足不同土木工程项目的需求。

未来的桥梁可能采用一种多功能智能材料，其中包括压电材料、形状记忆合金和自修复聚合物。这种材料不仅能够实时监测桥梁的应力、温度和振动，还能够在检测到微小裂缝时自动修复，防止裂缝扩展。通过将压电材料与其他智能材料结合，桥梁的安全性和使用寿命将大大提高，同时降低了维护成本。

5.5.4 压电材料在土木工程中的标准化与产业化

随着压电材料在土木工程中的广泛应用,标准化和产业化将成为推动其进一步发展的关键。制定统一的标准和规范,将有助于提升压电材料的应用可靠性和效率,同时促进其在全球范围内的推广和应用。

目前,压电材料的应用还主要集中在科研和高端项目中,标准化程度较低。未来,应通过国际合作制定压电材料在土木工程中的应用标准,涵盖材料性能测试、传感器安装、数据采集和分析等方面。此外,产业化将推动压电材料的批量生产,降低成本,使其能够在更多的土木工程项目中推广应用。

本章思考题

1. 压电材料的工作原理是什么?
2. 压电材料有哪些类型?
3. 压电材料在土木工程领域有哪些应用?
4. 压电材料的未来发展趋势?
5. 压电材料在土木工程监测中有哪些应用?

第6章 橡胶材料

橡胶是由高分子聚合物构成的一种弹性材料,主要成分是天然橡胶和合成橡胶。橡胶具有优良的伸缩性、耐磨性和耐高温性,广泛应用于机械设备、轮胎、桥梁、建筑等领域。橡胶制品的主要原料是生胶、各种协作剂,以及作为骨架材料的纤维和金属材料,橡胶制品的基本生产工艺过程包括塑炼、混炼、压延、压出、成型、硫化6个工序。橡胶的加工工艺过程主要是解决塑性和弹性冲突的过程,通过各种加工手段,使得弹性的橡胶变成具有塑性的塑炼胶,再参加各种协作剂制成半成品,然后通过硫化使具有塑性的半成品又变成弹性高、物理机械性能好的橡胶制品。

6.1 橡胶加工工艺

早先,自然橡胶的主要用途只是做擦字橡皮;后来才用于制造小橡胶管。直到1823年,英国化学家麦金托什才制造将橡胶溶解在煤焦油中然后涂在布上做成的防水布,可以用来制造雨衣和雨靴。但是,这种雨衣和雨靴一到夏天就熔化,一到冬天便变得又硬又脆。为了克服这一缺点,当时很多人都在想方法。美国制造家查理·古德伊尔也在进展橡胶改性的试验,他把自然橡胶和硫黄放在一起加热,期望能获得一种一年四季在全部温度下都保持干燥且富有弹性的物质。直到1839年2月他才获得成功。一天他把胶、硫黄和松节油混溶在一起倒入锅中(硫黄仅是用来染色的),不留神锅中的混合物溅到了灼热的火炉上。令他吃惊的是,混合物落入火中后并未熔化,而是保持原样被烧焦了,炉中残留的未完全烧焦的混合物则富有弹性。他把溅上去的东西从炉子上剥了下来,这才觉察他已经制备了他想要的有弹性的橡胶。经过不断改进,他最终在1844年完成了硫化技术。在橡胶制品生产过程中,硫化是最后一道加工工序。硫化是胶料在肯定条件下,胶大分子由线型构造转变为网状构造的交联过程。硫化方法有冷硫化、室温硫化和热硫化三种,大多数橡胶制品采用热硫化工艺。

6.1.1 塑炼工艺

生胶塑炼是通过机械应力、热、氧或参加某些化学试剂等方法,使生胶由强韧的弹性状态转变为松软、便于加工的塑性状态的过程。塑炼的目的是降低它的弹性,增加可塑性,并获得适当的流淌性,以满足混炼、亚衍、压出、成型、硫化以及胶浆制造、海绵胶制造等各种加工工艺过程的要求。把握好适当的塑炼可塑度,对橡胶制品的加工和成品质量是至关重要的。在满足加工工艺要求的前提下应尽可能降低可塑度。随着恒黏度橡胶、低黏度胶的消失,有的胶已经可以不需要塑炼而直接进行混炼。

在橡胶工业中,最常用的塑炼方法有机械塑炼法和化学塑炼法。机械塑炼法所用的主要设备是开放式炼胶机、密闭式炼胶机和螺杆塑炼机。化学塑炼法是在机械塑炼过程中参加化学药品来提高塑炼效果的方法。

开放式炼胶机塑炼时温度一般在 80℃以下，属于低温机械混炼方法。密闭式炼胶机和螺杆塑炼机的排胶温度在 120℃以上，其至高达 160～180℃，属于高温机械混炼。生胶在混炼之前需要预先经过烘胶、切胶、选胶和破胶等处理才能炼。

- 自然橡胶用开炼机塑炼时，辊筒温度为 30～40℃，时间为 15～20 min；当密炼机塑炼温度达到 120℃以上时，时间为 3～5 min。
- 丁苯橡胶的门尼黏度多在 35～60 之间，因此，丁苯橡胶也可不用塑炼，但是经过塑炼后可以提高其与协作机的分散性，但顺丁橡胶具有冷流性，缺乏塑炼效果。
- 顺丁橡胶的门尼黏度较低，可不用塑炼。氯丁橡胶的塑性大，塑炼前可薄通 3～5 次，薄通温度在 30～40℃。
- 乙丙橡胶的分子主链是饱和构造，塑炼难以引起分子的裂解，因此要选择门尼黏度低的品种而不用塑炼。
- 丁腈橡胶可塑度小，韧性大，塑炼时生热大。开炼时要承受低温 40℃以下、小辊距、低容量以及分段塑炼，这样可以收到较好的效果。

6.1.2 混炼工艺

混炼是指在炼胶机上将各种协作剂均匀地混到生胶中的过程。混炼的目的是对胶料进一步加工或改变成品的性能，即使配方很好的胶料，假设混炼不好，也会使得协作剂分散不均，胶料可塑度过高或过低，易焦烧、喷霜等，使压延、压出、涂胶和硫化等工艺不能正常进展，而且还会导致制品性能下降。混炼方法通常分为开炼机混炼和密炼机混炼两种（见图 6-1）。这两种方法都是间歇式混炼，也是目前使用最广泛的方法。开炼机的混合过程分为三个阶段，即包辊（参加生胶的软化阶段）、吃粉（参加粉剂的混合阶段）和翻炼（吃粉后使生胶和协作剂均到达均匀分散的阶段）。开炼机混胶根据胶料种类、用途、性能要求不同，其工艺条件也不同。混炼中要留意加胶量、加料次序、辊距、辊温、混炼时间、辊筒的转速和速比等各种因素，既不能混炼缺乏，又不能过炼。

（a）开放式炼胶机

（b）密闭式炼胶机

图 6-1　橡胶制作设备

密炼机混炼分为三个阶段，即潮湿、分散和涅炼。操作方法一般分为一段混炼法和两段混炼法。一段混炼法是指经密炼机一次完成混炼，然后压片得混炼胶的方法。它适用于全自然橡胶或掺有合成橡胶不超过50%的胶料，在一段混炼操作中，常采用分批逐步加料法，为使胶料不至于猛烈上升，一般使用慢速密炼机，也可以使用双速密炼机，参加硫磺时的温度必须低于100℃。其加料依次为生胶—小料—补强剂—填充剂—油类软化剂—排料—冷却—加硫磺及超促进剂。两段混炼法是指两次通过密炼机混炼压片制成混炼胶的方法。这种方法适用于合成橡胶含量超过50%的胶料，可以避开一段混炼法过程中混炼时间长、胶料温度高的缺点。两阶段混炼法与一段混炼法一样，只是不硫化和加入活性大的促进剂，一段混炼完后下片冷却，停放一定的时间，然后再进行下一段混炼。混炼均匀后排料到压片机上再加化剂，翻炼后下片。分段混炼法每次炼胶时间较短，混炼温度较低，协作剂分散更均匀，胶料质量高。

6.1.3　压延工艺

压延是将混炼胶在压延机上制成胶片或与骨架材料制成胶布半成品的工艺过程，它包括压片、贴合、压型和纺织物挂胶等作业。

压延工艺使用的主要设备是压延机。压延机一般由工作辊筒、机架、机座、传动装置、调速和调距装置、辊筒加热和冷却装置、润滑系统和紧急停车装置组成。压延机的种类很多，工作辊筒有两个、三个、四个不等，排列形式：两辊有立式和卧式；三辊有直立式、「型和三角形；四辊有「型、L型、Z型和S型等多种。按工艺用途来分主要有压片压延机（用于压延胶片或纺织物贴胶，大多数为三辊或四辊，各塑度不同）、擦胶压延机（用于纺织物的擦胶，三辊，各辊有一定的速比，中辊速度大，借助速比擦胶入纺织物中）、通用压延机（又称万能压延机，兼有压片和擦胶功能，三辊或四辊，可调速比）、压型压延机、贴合压延机和钢丝压延机。

压延过程一般包括以下工序：混炼胶的预热和供胶；纺织物的导开和干燥（有时还有浸

胶）胶料在四辊或三辊压延机上的压片或在纺织物上挂胶依机压延半成品的冷却、卷取、截断、放置等。

在进行压延前，需要对胶料和纺织物进行预加工，胶料进入压延机之前，需要先将其在热炼机上翻炼，这一工艺为热炼或称预热，其目的是提高胶料的混炼均匀性，进一步增加可塑性，提高温度，增大可塑性。为了提高胶料和纺织物的黏合性能，保证压延质量，需要对织物进展烘干，含水率把握在 1% ~ 2%，含水量低，织物变硬，压延中易损坏，含水量高，粘附力差。

几种常见的橡胶的压延性能：自然橡胶热塑性大，收缩率小，压延简洁，易黏附热辊，应把握各辊温差，以便胶片顺当转移；丁苯橡胶热塑性小，收缩率大，因此用于压延的胶料要充分塑炼。由于丁苯橡胶对压延的热敏性很显著，压延温度应低于自然橡胶，各温差由高到低；氯丁橡胶在 75 ~ 95℃易粘辊，难于压延，应使用低温法或高温法，压延要快速冷却，掺有石蜡、硬脂酸可以削减粘辊现象；乙丙橡胶压延性能良好，可以在广泛的温度范围内连续操作，温度过低时胶料收缩性大，易产生气泡；丁腈橡胶热塑性小，收缩性大，在胶料中参加填充剂或软化剂可削减收缩率，当填充剂重量占生胶重量的 50%以上时，才能得到外表光滑的胶片，丁腈橡胶粘性小易粘冷辊。

6.1.4　压出工艺

压出工艺是通过压出机机筒筒壁和螺杆件的作用，使胶料受到挤压和达到初步造型的目的，压出工艺也成为挤出工艺。压出工艺使用的主要设备是压出机。几种橡胶的压出特性：自然橡胶压出速度快，半成品收缩率小，机身温度 50 ~ 60℃，机头 70 ~ 80℃，口型 80 ~ 90℃；丁苯橡胶压出速度慢，压缩变形大，外表粗，机身温度 50 ~ 70℃，机头温度 70 ~ 80℃，口型温度 100 ~ 105℃；丁橡胶压出前不用充分热炼，机身温度 50℃，机头、口型 70℃；乙丙橡胶压出速度快、收缩率小，机身温度 60 ~ 70℃，机头温度 80 ~ 130℃，口型 90 ~ 140℃。丁腈橡胶压出性能差，压出时应充分热炼，机身温度 50 ~ 60℃，机头温度 70 ~ 80℃。

6.1.5　注射工艺

橡胶注射成型工艺是一种把胶料直接从机筒注入模型硫化的生产方法，包括喂料、塑化、注射、保压、硫化、出模等几个过程。注射硫化的最大特点是内层和外层的胶料温度比较均匀，硫化速度快，可加工大多数模压制品。橡胶注射成型使用的设备是橡胶注射成型硫化机。

6.1.6　压铸工艺

压铸法又称为传递模法或移模法。这种方法是将胶料装在压铸机的塞筒内，在加压下将胶料铸入模腔硫化，与注射成型法相像。如骨架、油封等用此法生产溢边少，产品质量好。

6.2　橡胶材料在混凝土结构中的应用

混凝土是一种常见的建筑材料，它具有耐久性强、可塑性佳、抗压强度高等优点。然而，由于混凝土的刚性，其在使用过程中会遭受到各种力的作用，如温度变化、震动等，这些力会造成混凝土的开裂和破坏，影响混凝土的使用寿命和安全性。为了提高混凝土结构的耐久性和抗震性，近年来，人们开始探索在混凝土中添加橡胶材料的方法，以改善混凝土的性能。

6.2.1 橡胶材料在混凝土中的性能

1. 机械性能

橡胶材料的掺入可以显著改善混凝土的机械性能。例如，掺入橡胶粉末可以增加混凝土的抗压强度和抗拉强度，掺入橡胶颗粒可以增加混凝土的减震效果和抗震性能，掺入橡胶纤维可以增加混凝土的抗裂性能和韧性。

2. 耐久性能

橡胶材料的掺入还可以改善混凝土的耐久性能。例如，掺入橡胶粉末可以增加混凝土的耐久性和抗渗性，掺入橡胶颗粒可以增加混凝土的抗冻性和耐久性，掺入橡胶纤维可以延缓混凝土的开裂和破坏，提高混凝土的使用寿命。

3. 环保性能

橡胶材料的掺入还可以起到环保的作用。例如，掺入橡胶粉末和橡胶颗粒可以减少废旧橡胶制品的污染，掺入橡胶纤维可以减少混凝土的使用量，降低建筑物的能耗。

6.2.2 橡胶材料在混凝土中的应用

1. 橡胶粉末

橡胶粉末是一种由废旧轮胎等橡胶制品经过机械破碎、筛分等工艺处理而成的粉末状物质。将橡胶粉末掺入混凝土中，可以显著提高混凝土的柔性和韧性，改善混凝土的耐久性和抗震性。同时，橡胶粉末的使用还可以起到节能环保的作用，减少废旧橡胶制品的污染。

2. 橡胶颗粒

橡胶颗粒是一种由废旧轮胎等橡胶制品经过机械破碎、筛分等工艺处理而成的颗粒状物质。将橡胶颗粒掺入混凝土中，可以显著提高混凝土的抗震性能和减震效果，减少建筑物在地震等自然灾害中的损失。同时，橡胶颗粒还可以增加混凝土的抗渗性和抗冻性。

3. 橡胶纤维

橡胶纤维是一种由橡胶材料制成的纤维状物质。将橡胶纤维掺入混凝土中，可以显著提高混凝土的抗裂性和韧性，延缓混凝土的开裂和破坏。同时，橡胶纤维还可以增加混凝土的抗拉强度和抗冲击性能。

6.2.3 橡胶材料在混凝土中的应用案例

1. 天津市荣成道立交桥

天津市荣成道立交桥是一座采用橡胶颗粒混凝土结构的建筑物（见图6-2）。在该建筑物的混凝土中掺入了适量的橡胶颗粒，使得建筑物在地震等自然灾害中具有更好的抗震性能和减震效果。

图 6-2　天津市荣成道立交桥

2. 广州市太阳城

广州市太阳城是一座采用橡胶粉末混凝土结构的建筑物（见图 6-3）。在该建筑物的混凝土中掺入了适量的橡胶粉末，使得建筑物具有更好的耐久性和抗渗性能。

图 6-3　广州市太阳城大酒店

3. 上海市体育场

上海市体育场是一座采用橡胶纤维混凝土结构的建筑物（见图 6-4）。在该建筑物的混凝土中掺入了适量的橡胶纤维，使得建筑物具有更好的抗裂性和韧性。

图 6-4 上海市体育场

本章思考题

1. 橡胶材料有何特点?
2. 橡胶材料在混凝土材料中有哪些应用?
3. 未来橡胶材料可能在哪些方面进行应用?

第 7 章 智能材料在结构振动控制中的应用

土木工程结构中的房屋建筑作为重要的社会基础设施，可以给人们提供居住、生活、工作的基本场所，土木结构不仅承受静荷载的作用，同样承受着各种各样的动荷载作用，如地震、风、浪和车辆荷载。在动荷载作用下，土木建筑结构设计同样需要满足可靠性、耐久性及居住等要求。振动控制这一概念是由美籍华裔学者姚治平（Yao J.T.P）于 1972 年首次提出的，相对于传统的结构抗震设计和抗风设计方法存在的局限性，振动控制概念开创了结构振动控制研究新的里程。

7.1 结构控制的概念和类型

7.1.1 结构控制的概念

提高房屋建筑结构的抗震性能和高层建筑结构的抗风性能是减轻动力作用危害、加强区域安全的基本措施之一。传统的建筑结构抗震和抗风设计方法是利用自身的能力来耗散振动能量的，如加大构件的截面尺寸、增加结构刚度或提高材料的强度等级等。这种方法是不经济的，特别是伴随着建筑高度的增加。其次这种立足于抵抗地震力的消极抗震思想无法解决 P-△ 效应（重力二阶效应）不断增大的问题。因此，需要一种积极的抗震思想来进行结构抗震设计，这就是结构控制的设计思想与方法。

所谓结构控制，就是在工程结构特定部位，采用一定的控制措施，如设置某种控制装置、或某种机构、或某种子结构、或施加外力，改变或调整结构的动力特性或动力作用，减轻和抑制结构在地震、强风及其他动力荷载作用下的动力反应，增强结构的动力稳定性，提高结构抵抗外界振动的能力，以满足结构安全性、实用性、经济性的功能要求。

7.1.2 结构控制的类型

按被控系统是否有外部能源输入，传统的结构振动控制可分为被动控制、主动控制、半主动控制和混合控制四种。近年来，随着智能材料和结构的研究发展，智能控制也逐渐成为土木工程结构振动控制的一种重要方法。

1. 被动控制

被动控制不需要外界能源，依靠结构元件之间、结构与辅助系统之间的相互作用消耗振动能量，从而达到控制结构的目的。这与传统的依靠结构本身及其节点的弹塑性耗散地震能量相比显然是前进了一步，但是消能元件往往与主体结构是不可分离的，而且常常是主体结构的一个组成部分,因此它还不能完全脱离延性结构的概念,而只是其发展和改良。从另一方面考虑,被动控制技术可以看作是一种增加结构阻尼的方法。

被动控制主要是进行基础隔震和耗能减震,通过减震、隔震装置来对振动能量进行消耗,并阻止振动在建筑结构中进行传播,这种控制技术构造简单、造价成本低、维护简便,且不需要外部能源支持,在土木工程结构减震中的应用很广泛。基础隔震是在上部结构和基础之间设置水平柔性层,延长结构侧向振动的基本周期,从而减小水平地震地面运动对上部结构的作用。目前,应用较广的隔震装置包括夹层橡胶垫隔震装置、滚珠(或滚轴)加钢板消能装置、粉粒垫层隔震装置、铅塞滞变阻尼器隔震装置、钢滞变阻尼器隔震装置、基底滑移隔震装置、悬挂基础隔震装置、混合隔震装置等。世界上已建成了上千座隔震建筑和桥梁,并表现出良好的减震效果。2001年我国正式把隔震技术写入规范。耗能减震是将结构中的一些构件,如支撑等设计成耗能部件,或者在建筑结构的某些部位,如连接处、节点处设置阻尼器,耗能部件和阻尼器在荷载作用较小的情况下处于弹性状态,在强烈的荷载作用或振动作用下,耗能部件就会进入非弹性状态,能够大量消耗输入结构的能量,避免荷载或振动作用进入主体结构造成结构进入非弹性状态,为主体结构的安全提供了可靠保障。由于耗能装置不同,耗能减震也分为不同的体系,一种为耗能构件减震体系,常用的耗能元件有耗能支撑、耗能剪力墙等,另一种为阻尼器耗能减震体系,常用的阻尼器有金属屈服阻尼器、摩擦阻尼器、黏弹性阻尼器、黏滞性阻尼器等。耗能减震具有性能稳定、适用范围广、抗震性好、经济实用、可靠性高、技术条件简单等优点,比较适用于高层建筑和超高层建筑。被动耗能减震结构已在国内外建成了数百座,并在一定程度上经受了地震的考验。我国目前也有几十余座新建或加固的被动耗能减震建筑与桥梁。上海电视塔、珠海金山大厦、上海杨浦大桥等大型建筑都应用了耗能减震装置,并取得了很好的减震效果。

2. 主动控制

主动控制是一种需要外部能源的结构控制技术,在结构受到地震或其他外部激励的过程中,需要实时测量结构反应和环境干扰,再按照现代控制理论的主动控制算法在精确的结构模型基础上运算和决策最优控制力,并通过作动器对结构施加控制力以减小或抑制结构的动力反应,达到保护结构免遭损伤的目的(图7-1)。

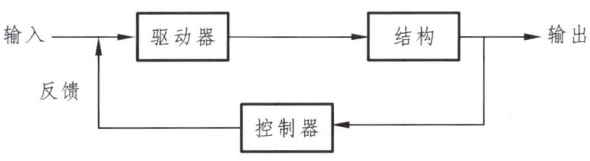

图 7-1 主动控制的基本原理

结构振动主动控制技术的研究始于20世纪50年代末60年代初。到了70年代,这一研究便进入广泛探索阶段,并开始在工程领域得到初步应用。80年代后,振动主动控制技术进入蓬勃发展阶段,不仅取得了丰富的理论研究成果,而且成功应用于航天结构振动控制、土木工程结构抗震、高速车辆隔振及其他机械设备振动控制。巨型土木工程结构振动主动控制:1989年日本 Kajima 建筑公司在日本东京建成了世界上第一幢安装主动质量阻尼器(AMD)的高层建筑 Kyobashi Seiwa 大楼(京桥成和大厦,11层)。该大楼在1989年的近海地震中,地震位移反应减小约 60%，1990 年该建筑物遭受强台风，其风振加速度反应降低约 50%。我国的南京电视塔也安装了 AMD 系统减小风振反应。

主动控制技术的两个关键方面是主动控制算法的运用与处理和主动控制装置的开发与应用。主动控制算法是以现代控制理论中的算法为依据，一些算法根据土木工程结构自身特点作出特殊的处理。目前，运用的主动控制算法主要有经典线性最优控制法、瞬时最优控制法、随机最优控制法、极点配置法、独立模态空间控制法、界限状态控制法、自适应控制法、预测控制法、滑动模态控制法、模糊控制法、神经网络控制法。

主动控制系统装置主要包括传感器、控制器和作动器 3 个组成部分。各部分的作用：传感器测量结构反应或外部激励信息；控制器处理传感器测量的信息，实现所需的控制律，其输出为作动器的指令；作动器产生控制力，所需的能量由外部能源提供，控制力有时通过一个辅助子结构作用到受控结构上。常用的主动控制系统装置主要有主动控制调谐质量控制系统（TMD）、主动支撑系统（ABS）、主动拉锁系统（ATS）等。由于实时控制力可以随着结构反应及输入外部激励的变化而变化，因此控制效果基本不依赖于外部激励的特性，优于被动控制。

AMD 系统是目前研究和应用较多的主动控制系统，它由被动控制中的调谐质量阻尼器（TMD）演变而来。AMD 系统由质量块和主动作动器组成。由外部能源驱动其惯性质量运动，将结构的振动能量转变为 AMD 惯性质量的动能和阻尼元件的耗散能，同时 AMD 系统通过其在结构上的支撑提供减小结构振动的控制力。AMD 系统的应用已相当普遍并取得了成功，目前全球已建成了几十座带有 AMD 控制系统的高层建筑、电视塔等大型桥塔结构。在国内，田石柱和刘季等人率先开展了结构振动的主动控制实验研究，完成了 5 层 1:4 模型框架的 AMD 振动控制实验。张春巍、欧进萍等人研究了海洋平台结构冰激振动和地震反应控制问题，进行了原型平台结构冰激振动和地震反应的 AMD 控制仿真分析。南京电视塔也采用了 AMD 进行风振控制。实践证明，AMD 系统能有效地减小风振和地震反应。1994 年日本东京建成高 134.4m 的岸住田大楼并在顶层安装了两个 AMD，质量块 m=1.5t，最大滑动位移 100 cm，驱动器最大出力 8.7t。该结构已经经历了地震考验，从实测结果看，结构的地震反应比无控下减小了 50%~80%，说明 AMD 系统能有效地减小地震反应。

3. 半主动控制

半主动控制是应用少量外部能量或不需要外部能量，通过对控制系统中结构参数的实时调整来抑制结构动力反应。它既有被动控制系统的可靠性又有主动控制系统的强适应性，且造价适中，因而有广阔的发展前途。半主动控制兼有被动控制和主动控制的优点，它具备主动控制的效果但不需不间断的电能供应，而只需很小的电能通过调节和改变结构的性能减小地震反应，因此比较适合于工程结构的抗震设防。常见的半主动控制系统有变刚度变阻尼系统（AVSD）、可变阻尼系统（AVD）、可变刚度系统（AVS）以及主动调谐参数质量阻尼系统（ATMD）等。

主动变刚度系统是通过主动变刚度控制装置使得受控结构的刚度在每一采样周期内都根据外荷载的频谱特性而在不同刚度值之间进行切换，从而使得受控结构在每一采样周期内都尽可能远离共振状态，达到减振的目的。主动变刚度控制在日本已经应用于工程实例。1990 年日本首次在 Kajima 研究所的一栋三层钢结构办公楼上安装了主动变刚度控制系统，该建筑已经受了中小地震的检验，并显示出了良好的控制效果。主动变阻尼控制系统是通过控制装置使得受控结构的阻尼在每一采样周期内都可以在不同的阻尼状态之间进行切换，以期达到减震的目的。1998年，日本Kajima公司建成的一栋五层办公楼采用了主动变阻尼控制系统，该建筑在实际中小地震中已经显示出了良好的控制效果。

4. 混合控制

混合控制是将主动控制系统和被动控制系统同时施加在同一个结构上的结构控制系统。这样主动控制仅需提供较小的能量就可以有效地控制结构。这种控制系统充分利用了被动控制与主动控制各自的优点，它既可以改变结构的振动特性，增加人工阻尼，又可以利用主动控制系统保证控制效果，比单纯的主动控制能节省大量的能源，因此有良好的工程应用价值。目前出现的混合控制技术有主动质量阻尼控制系统（AMD）和质量阻尼系统（TMD）、调谐液体阻尼系统（TLD）的混合控制；阻尼耗能（VE Damper）和主动控制（ABS）的混合控制；隔震系统和主动控制系统（AMD）的混合控制等。日本已建成的20多栋主动控制房屋绝大多数采用混合控制方式，其中最高的是1993年建成的横滨Land Mark Tower，该建筑共70层，总高度296 m，在顶层用了两个吊重通过伺服电动机施加控制力。在国内，混合控制系统的研究主要集中在混合质量控制系统和主动基础隔震系统。

5. 智能控制

结构智能控制主要包括两类：一类是利用由智能材料研制的智能装置对结构进行控制；另一类是将智能控制算法应用于结构控制中，智能材料结构是将具有特殊功能的材料融合于基本材料中的一种结构，使其具有人们期望的智能功能。这种结构不仅具有承受荷载的基本能力，而且能感知外界和/或内部状态与特性变化，并能根据这些变化的具体特征，对引起变化的原因进行辨认，从而采取相应的控制策略，作出合理响应，即具有识别、分析、判断、动作、控制等额外功能。如检测（应变、损伤、温度、压力）、通信（数据传输）、驱动（改变结构外形和应力分布，改变通风、透气）等功能。这些功能就靠利用各种智能材料来实现，如利用光纤了解结构的应变和温度；形状记忆合金使结构动作，改变结构的形状和应变等。

7.2　智能材料在土木工程结构振动控制中的应用

智能材料一般是指以最佳条件响应外界环境变化，且按这种变化显示自己功能的材料。它们可以感知外界环境的变化，并针对这种变化做出瞬时主动响应，具有自诊断、自适应、自修复和寿命预报以及靠自身驱动完成特定功能（如振动控制）的能力。智能材料和结构密切相关，互为一体，因此确切说法应为智能材料系统和结构（简称智能材料）。它是材料科学、人工智能、信息科学、机械科学、生物科学、化学和物理等学科高度发展的产物，也是这些学科的交叉。把这些智能材料用于结构控制领域中时，它就会发挥自己的传感和驱动功能来实现结构的感应和自我调节功能，从而达到良好的控制效果。目前，适用于土木工程结构振动控制的智能材料主要有电/磁流变液、压电材料、磁致伸缩材料以及形状记忆合金等。

运用智能结构进行减振控制主要指在基体材料上粘连或内嵌智能材料。当被控系统受到刺激时，通过感知功能感知到系统的结构变化，并通过反馈制动功能做出相应的反应，从而适当快速地抑制振动，使被控系统处于适当的工作状态，智能结构的出现为减振控制提供新的解决途径。

7.2.1 电/磁流变阻尼器的研制及应用

电流变液（ER）是用不导电的母液（通常为硅油或矿物油）与均匀散布在其中的固体电解质颗粒（无机非金属材料、有机半导体材料、高分子半导体材料）制成的悬浮液。当有电场作用时，电流变液中的固体电解质颗粒就会形成一束束纤维状的链条，横架于正负两极之间。电流变液在电场的作用下能从流动性较好的具有一定黏滞度的牛顿流体转变为有一定屈服剪应力的黏塑性流体，称为电流变效应。

磁流变液是一种由非导磁性液体和均匀分散于其中的高磁导率、低磁滞性的微小磁性颗粒组成的可控流体，为了保证磁流变液的悬浮稳定性，通常还包括适量的外加剂。在磁场作用下，它可在瞬间内（10 ms 左右）由流动性能良好的牛顿流体变为 Bingham 半固体，且这种变化连续、可控、可逆。由这种材料做成的阻尼器，不仅出力大、能耗小，更兼反应迅速、易于控制的特点，因此可作为良好的半主动控制装置。近年来，基于磁流变液的研究和应用非常迅速，已广泛应用于机械、汽车、航空航天、土建，及医疗等工程技术领域。

基于电/磁流变效应大、功耗小等优良性能，特别是由磁流变液制成的阻尼器，构造简单、响应快、动态范围大、耐久性好，即使在控制系统失效的情况下仍可充当被动控制器，具有很高的可靠性。由电流变液制成的减振控制器主要有阀式、剪切流动式和挤压流动式阻尼器等，在电场强度为 3 kV/mm 时，电流变液能产生 1.8 kPa 的屈服应力。磁流变阻尼器的形式主要有挤压流动式、剪切式、阀式或剪切阀式等。由于剪切阀式阻尼器的磁路设计比较方便并且出力大，因此更适合于土木工程结构控制。用磁流变液制成的双出杆剪切阀式阻尼器类似于普通油缸粘滞型阻尼器。结构振动控制用 MR 阻尼器大多为直动型剪切阀式，这是阀式和剪切式组合的一种工作模式，具有磁路设计简单、响应速度快、便于设计与制作的特点，已经成为 MR 阻尼器设计的主流型式。如图 7-2 所示，为美国 LORD 公司于 1999 年研制的 180 kN 足尺 MR 阻尼器，该阻尼器采用三级螺线圈和双出杆形式，最大耗电仅为 22 W，出力值可达 180 kN。

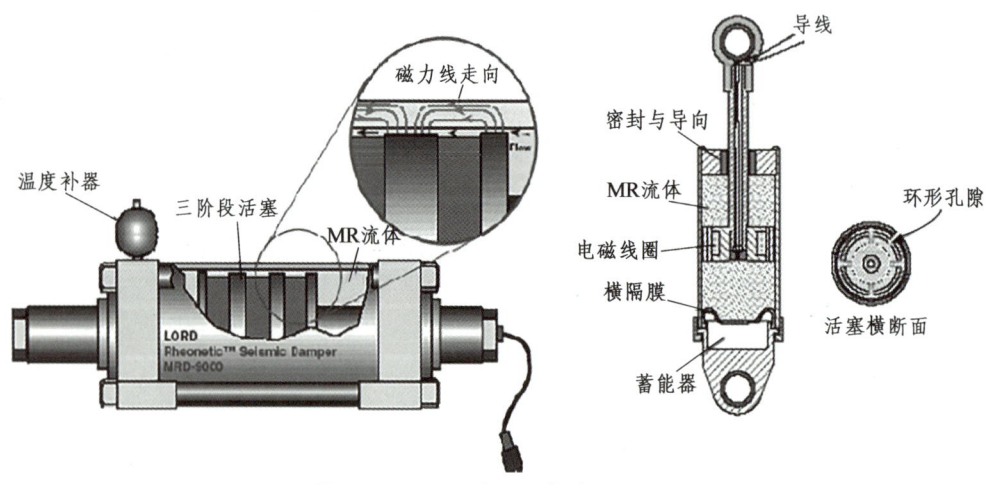

图 7-2 LORD 公司研制的阻尼器

磁流变阻尼器的工作原理：通过调节阻尼器中励磁线圈的电流强度，以改变作用于磁流变液的磁场强度，从而改变磁流变液的屈服强度，达到调节阻尼力大小的目的。

磁流变液阻尼器已经用于日本一座博物馆建筑的地震控制和 Keio 大学一栋居住建筑的隔振（Yang，2001；Spencer and Nagarajalah，2003）以及我国的岳阳洞庭湖大桥多塔斜拉桥的拉索风雨振动控制（Nietal，2002）。

电/磁流变液在土木工程结构振动控制方面具有很高的使用价值，应积极开展其减振机理的研究。另外，其材料的基本性能也还需要进一步改善。电流变材料的问题：转换电压太高，达 4kV/mm，应研究出低转换电压、高屈服应力的电流变体配方；性能易受外界环境的影响；应尽量提高多次使用的稳定性和可靠性。

7.2.2 压电材料在结构控制中的应用

压电材料是一种具有压电效应的特殊材料。所谓压电效应是指在压力作用下材料的两个表面会出现符号相反的束缚电荷（称为正压电效应），或者在电场作用下材料产生与电场强度成比例的变形或应力（称为逆正压电效应）。压电材料可分为压电晶体、压电纤维、压电陶瓷和压电聚合物等几类。在土木工程结构控制领域得到较多关注的是压电陶瓷，其中锆钛酸铅（PZT）是最常用的压电陶瓷。利用压电陶瓷可制作适用于土木工程结构智能控制的压电陶瓷驱动器和压电变摩擦阻尼器。

压电材料既可用作传感元件，又能作为驱动元件，应用范围很广。目前，应用最为便利的是压电陶瓷，它易于制作，可以制成任意形状和极化方向；耐热、耐湿；具有很大的储能能力，产生的外力较大。压电材料是目前智能结构中应用最多的一种感知材料和驱动材料，但仍然存在驱动动作小，驱动力不大的问题，还需解决与基本材料融合好，不致成为夹渣的问题。

压电陶瓷作为新型智能材料，具有单位体积输出能量大，结构紧凑，形式多样，无电磁干扰，反应快，频带宽，驱动力也较大，可用于高真空和超低温环境的特点，既可用作传感器，也可作为驱动器，是在智能结构振动控制中是应用最普遍的智能材料。

压电陶瓷驱动器是利用压电陶瓷的逆压电效应，通过施加控制电压使压电执行器本身变形来对结构产生驱动作用，是一种应变驱动器。目前，用于结构控制的压电陶瓷驱动器主要有单片式和多层式两种。其中，前者主要是粘贴在柔性梁、板和壳的表面，产生的驱动力较小，多用于柔性结构的振动控制；而后者是用多片压电片叠起来的压电堆，可以在一定程度上解决压电驱动器驱动力和位移小的问题。

利用压电陶瓷驱动器对结构进行控制可采用被动控制、主动控制以及混合控制等控制策略，被动控制系统结构简单、容易实现、成本低，但缺少控制上的灵活性，对突发性环境变化应对能力差。目前，对压电陶瓷驱动器的研究主要集中在主动控制，即利用压电陶瓷的传感和驱动特性，实现压电陶瓷的动态柔度系数的主动调整。利用这种刚度的自适应调整，便可控制结构的振动。鉴于主动控制理论及控制系统比较复杂，关于单片式压电陶瓷驱动器的应用研究大多集中在柔性悬臂梁的振动控制。虽然多层式压电陶瓷驱动器的作用力可以达到几吨，但最大位移仅有 $100\sim200\,\mu m$，因此直接利用多层式压电陶瓷驱动器对土木工程结构进行控制仍具有一定难度。

如果将压电驱动器与被动摩擦阻尼器相结合，根据结构减振的要求，利用压电陶瓷的电致变形主动改变摩擦片之间的紧固力、控制摩擦片之间的正压力，就可以实时调节摩擦力，从而使摩擦阻尼器具有智能特性。利用压电摩擦阻尼器可以实现对高耸结构风振反应的控制。

本章思考题

1. 结构控制的目的是什么?
2. 结构智能控制的类型有哪些?
3. 结构智能控制在土木工程领域有哪些应用?

第8章 智能土木工程材料在工程监测中的应用

8.1 工程监测与智能材料概述

工程结构的安全性和可靠性一直是工程领域关注的焦点之一。随着工程项目规模的不断扩大和复杂，工程结构的健康状况变得越来越难以判断和评估，对工程结构和设备的健康监测变得越来越重要，传统的工程监测手段往往只能提供静态的数据，难以反映结构的实时状态和运行情况。因此，工程健康监测作为一种新兴的技术手段，通过实时监测、数据分析和模型预测等，可以帮助工程师及时发现问题，并采取相应的措施，确保工程项目的安全运行。

结构健康监测系统主要利用施工现场无损伤监测方式获得土木工程结构数据，对土木工程内部系统特点详细分析，最终实现结构健康监测目的。健康监测的一个目标是在土木工程使用寿命临界点来临之前提早监测出土木工程结构所产生的损伤问题，因此土木工程结构健康监测从本质上来看属于实时在线监测技术。

在土木工程施工环节上，结构健康监测是一种在线信息监测系统，主要在土木结构受到自然环境、人为因素或者长时间建设之后，测定关键性指数标准，检查土木工程是否受到了严重的损伤，一旦受到严重损坏，则需要详细检查损坏位置、损坏程度、可用寿命等，同时工程监测也伴随着工程结构的施工、运维及后期的养护加固的全生命周期，方便实时掌握工程结构所处的健康状态，保障结构安全。

土木工程健康监测主要由以下几个部分构成：

（1）传感器系统。

该系统主要由传感器、二次仪表等设备组成，可以对土木工程结构物理特性实施监控和信息测量。

（2）数据收集系统。

该系统主要为数据收集站，通常需要利用微机设备开展系统化控制，因此数据收集系统在实践操作环节上，其主要应用功能是收集传感器所产生的原始数据并进行测量。

（3）数据通信传输系统。

数据通信传输系统主要包含服务器、结构信息监测系统以及局域网等，能完成数据监测系统的通信和传输。

（4）数据库监测系统。

从系统内部构成来看，数据库监测系统主要为数据库提供服务，有效实现土木工程结构健康监测所产生数据的备份、储存、分析以及查询等相关功能。

（5）数据分析系统。

数据分析系统的主要作用是系统逻辑服务，由于该系统具有信息处理、数据管理、图形诊断以及系统预报警等功能，因此该系统使土木工程结构健康监测实施产生了实际效果。

8.2 智能监测材料的工作原理

在土木工程新型材料中，智能材料是现代土木工程建设中的重要应用材料。在时代发展与科学研发应用下，智能材料已逐渐成为现代建筑施工建设中的必要材料，并且呈现高速发展态势。明确的智能材料定义在当下尚无精确定论，但通常是按材料功能进行区别划分，这是继天然材料、合成聚合物材料和人造材料之后的第四代材料。

智能材料系统根据其功能特点可划分为两大类：一类是对外界或内部的刺激强度，如应力、应变及物理、化学、光、热、电、磁、辐射等作用具有感知功能的材料，通称为感知材料。这类材料主要有光导纤维、压电陶瓷、压电高分子材料、形状记忆合金及其他各种类型的传感材料。另一类是能对外界环境条件或内部状态发生变化时作出响应或驱动的材料，如形状记忆合金、压电材料、电致伸缩材料、磁致伸缩材料、电流变体、磁流变体和功能凝胶等。这些材料可根据温度、电场或磁场的变化而自动改变其形状、尺寸、刚度、振动频率、阻尼及其他一些机械特性，因而可根据不同需要选择其中的某些材料制作各种执行或驱动元件。智能材料的特性是其独特的优势，使其得以成为土木工程材料应用领域的重大创新。

一般来说，智能材料具有以下几项功能。其一，感应，智能材料可为相关工作者实现实时监视，以此对建筑内部和外部影响进行全面检测；其二，传感反馈，即借助特定的装备设施，完成相关信息的即时传输和反馈，以此提供相应结构变化；其三，信息鉴识与积累，即对反馈信息进行识别和记忆；其四，响应与诊断，对建筑内部和外部结构的变化做出及时、有效的应对，而自我诊断则是通过信息技术对反馈信息进行全面分析和评估，得出相应结论；其五，自诊断校正，根据具体方法对系统故障进行校正；其六，适应性，当外部效果消失时，可以恢复到其原始状态。在一个土木工程项目施工建设中同时实现上述功能，仅仅应用一种材料是难以实现的。因此，多种智能材料的组合应用是现代建筑工程通常使用的方案。

8.2.1 光导纤维

二氧化硅是光纤的主要成分，是广泛应用于信息传输的良好介质，相较于其他材料，传递能力是其独有优势。该材料主要由外部圆形透明介质和内部圆柱形透明介质组成，其内外层间的折射率差异，使光能量损耗较小，在光纤中顺利传导信息，并且其传输距离较长（见图8-1）。例如，可在建筑混凝土结构中设置光纤，以此完成光纤混凝土结构的创建，该结构可在相应建筑位置发生变化时，通过结构变形引发光纤变化，产生相应物理变化，其相关传感器可以借此变化完成感应，从而对各种结构变更进行检测，为项目建筑自身维护保养以及检查工作提供一定指导，进而提升其可持续性。此外，基于该材料应用的监视模式，可发挥信息技术优势，完成对混凝土结构全方位变化的监视，构筑覆盖范围较广且无死角的监视网络。因此，基于该用途的光纤混凝土结构，是智能材料实现建筑自我调节能力，便于远程监测维护的创新尝试。目前，土木工程中该智能结构主要应用于建筑混凝土温度监测、结构开裂监测、混凝土结构强度和变形监测以及相关诊断工作。

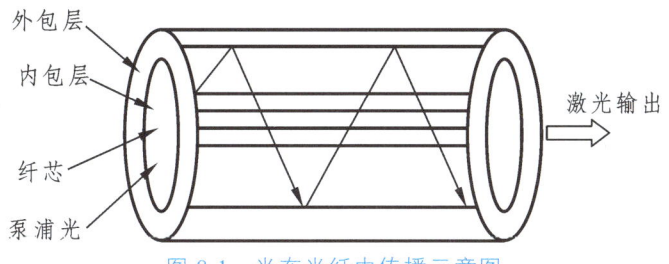

图 8-1　光在光纤中传播示意图

8.2.2　压磁材料

压磁材料也是土木工程新材料，其常规材料应用主要包括磁致伸缩智能材料和磁流变材料。在外部磁场的作用下，磁流变流体将发生明显变化，并且该过程是可逆的。磁流变在外部磁场达到一定程度时变成固体，并且其所耗的时间较短，磁流变液在液体和固体之间的独特可变特性以及低能耗、变化范围广、控制该特性的成本低，使磁流变液成为工程设计中以及开关设备的重要材料。当前，磁流变流体应用范围比较广泛，基于磁流变材料自身独特的性质以及大量相关的基础研究，磁流变技术被越来越多地被应用于解决实际工程问题，其应用相对广泛、成熟的集中在离合器、阻尼器、军事等领域，如电源开关和组件控制电桥电路，其在土木工程中的应用主要侧重于塔式建筑、高层建筑、大跨度结构。同时，具有高磁致伸缩效应的磁致伸缩智能材料可确保该材料通过机械和电磁变化直接逆转，因此具有广阔的应用前景。根据实际的应用情况，磁流变材料在应用中的主要工作模式大致可分为三种，分别是阀模式、剪切模式和挤压模式（见图 8-2）。

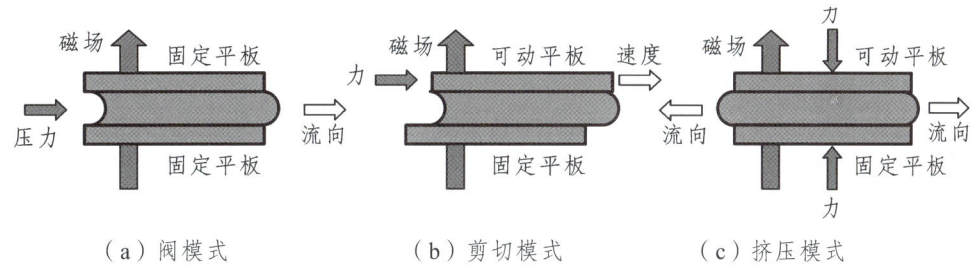

（a）阀模式　　　　　（b）剪切模式　　　　　（c）挤压模式

图 8-2　磁流变材料常见工作模式示意图

8.2.3　碳纤维智能材料

碳纤维智能材料也是在民用建筑中广泛使用的新型墙体材料。其主要由碳纤维材料组成并与传统材料结合使用。它在土木工程施工过程中具有出色的性能，并且与混凝土的使用非常兼容，基于这种智能墙体材料，可以有效地确定电阻的变化并准确确定碳纤维混凝土的损坏，因此碳纤维智能混凝土材料也适用于温度测试和抗电磁干扰工程项目（见图 8-3）。

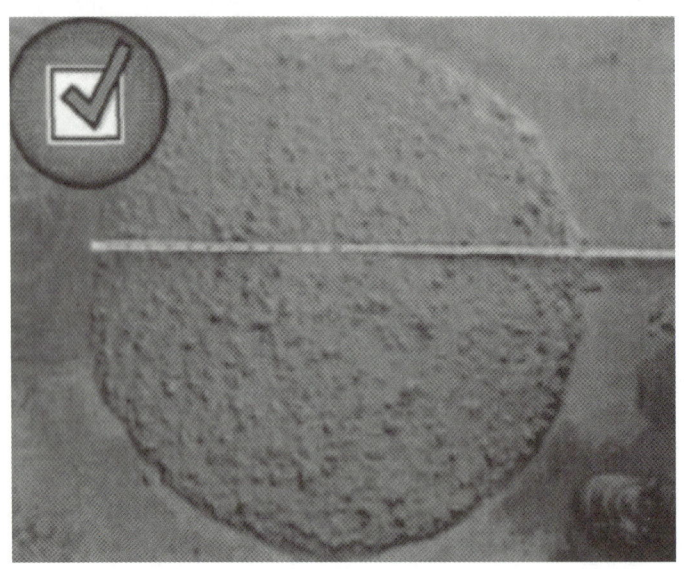

图 8-3 纳米级碳纤维自密实混凝土

8.2.4 记忆合金

记忆合金是一种具有一定的形状记忆能力的材料,当材料性能发生变化后,可以激发其内在的记忆效应,使其具有复原能力和应变,从而使材料恢复到原来的形状。这种合金材料能传递能量、储存能量。

将记忆材料合理地设置在工程上,在结构发生变形、开裂、破坏、受外部动荷载影响等情况下,合金材料能消耗掉大部分能量,能提高结构整体的稳定性,而将这种材料应用于多震地区的建筑结构中,能有效地提高结构的抗震能力,材料对能量的吸收与耗散能增强结构的抗震性能。记忆合金材料具有良好的相变超弹性,将其应用到减振器制造中,可实现智能无源控制。由于它的相变导致超弹性滞回环的产生,具有良好的抗疲劳性能,可以提高产品的整体质量。

8.2.5 压电材料

材料的压电效应主要表现为驱动元件和感测元件。受外界因素的影响,压电材料自身也会发生变形等问题,在变形过程中会产生电势,通过施加电压的方式可以在一定程度上改变尺寸,从而达到产生压电效应的目的。适当地利用压电元件之间产生的不同变化,可以确定不同位置结构所产生的具体变化量。与此同时,当压电元件外部产生电场时,会对其内部正负电子施加定向的场力,使其变形为驱动元件。由于驱动元件改变了材料的应力状态,部分驱动元件会导致材料结构出现不同程度的变形问题。压电材料是工程结构力学测试中的重要敏感元件,但其主要问题是驱动力不足,不能对大型土木工程结构产生直接影响,这也是今后土木结构研究和分析的重点。

8.3 李家沱长江大桥健康监测

8.3.1 李家沱长江大桥简介

重庆李家沱长江大桥位于重庆市西郊九龙坡地区,大桥南岸为李家沱工业区,北岸为九龙坡区。主孔全长 1 288 m,桥梁跨径组合:过渡孔(53 m)+主孔(169 m+444 m+169 m)+过渡孔(53 m)+南引桥(8×50 m),桥面设置 4 车道(中间设置分隔带),桥面宽 24 m。李家沱大桥结构体系为双塔双索面预应力混凝土斜拉桥,塔、墩固结。主梁为纵向悬浮体系,塔梁交叉处设置横向限位装置,在过渡孔于北台及南引桥结合处设置大位移量伸缩缝,桥梁的总体布置见图 8-4。桥主梁采用扁平的实心双主梁断面,主梁肋高 2.5 m,宽 1.7 m。横梁间距为 4.5 m,设置横向预应力钢束。主梁在中跨的中间部分及边跨的部分区段设置有纵向预应力钢束,采用 OVM 锚具及高强度低松弛钢绞线。主塔呈花瓶形,塔全高 141.5 m,塔身为矩形空心断面。大桥拉索采用扇形双索面布置,梁上索距为 9 m,在塔上采用不等距排列,索距 1.5~1.6 m。每个索面中有 24 对斜拉索。锚具采用 LM7 型冷铸锚具。

考虑到大桥在运营阶段,由于受气候、氧化、腐蚀和老化等因素影响,在长期静载和活载的作用下容易遭受损坏,尤其是其超载情况严重,大大超出设计时所预计的车流量及超重荷载,从而导致桥梁强度和刚度随着时间的增加而降低,这不仅会影响安全行车,更会缩短桥梁的使用寿命。因此,为确保桥梁的使用安全,有必要针对本桥特点,建立和发展一个长期健康监测系统,利用现代化的诊断量测手段,通过对大桥关键部位的空间位置、力学性能及其变化的长期和定期监测、分析,积累数据,用来监测和评估大桥在运营期间结构的承载能力、运营状态和耐久能力,从而确保桥梁的使用安全与延长寿命,便于实现防患于未然,实现实时或准实时的损伤监测,对大桥结构服役期间出现的损伤进行定性、定位和定量分析,分析其病害状况及病害成因,为今后进一步的桥梁病害防治及维修加固决策提供科学可靠的依据。

图 8-4 已建成的李家沱大桥

8.3.2 监测系统设计原则

李家沱长江大桥健康监测系统是一个集结构分析计算、计算机技术、通信技术、网络技术、传感器技术等高新技术于一体的综合系统工程。为使李家沱长江大桥健康监控系统成为一个功能强大并能真正长期用于结构损伤和状态评估，满足桥梁养护管理和运营的需要，同时又具经济效益的结构健康监控系统，遵循如下设计原则：

1. 可靠性原则

桥梁结构健康监测系统设计的首要原则是系统的长期可靠性，要求设计时选择的检测技术和测试手段都是国内外成熟的技术和产品，以保证系统长期运行的可靠性要求。

2. 先进性原则

李家沱长江大桥作为世界级的斜拉桥，其综合建造技术具有国际先进水平，设计先进，技术含量高，其结构健康监测系统采用的技术不仅要与大桥的重要性相呼应，而且更要体现当前结构监测系统的发展，使监测系统的技术达到当前的国际先进水平。

3. 完整性原则

结合桥梁危险性分析结果和结构健康监测的整体功能需要，首先，结构健康监测系统采集的相关信息应完整，能够满足监测系统对桥梁状况评估的需要，体现信息的完整性。其次是监测过程的完整性，涵盖桥梁的设计、施工和运营各个阶段，内容完整逻辑严密。同时，随着监测技术的进步和桥梁评价理论的发展，系统还需具备很好的扩展性，实时补充需要的监测信息。

4. 实用性原则

系统实现的功能、人机界面以及操作方式要友好，所有监测结论应通俗易懂便于理解。系统各功能层次、各环节重点突出可操作性和可行性，满足桥梁日常养护和安全管理的需要。

5. 经济性原则

在保证系统先进、完整的情况下，采取传感器优化布设，实现对结构状态改变信息的最优采集，用最小的代价来实现最大的监测要求，正确把握结构状况，避免资源浪费和无效工作，使有限的传感器发挥最大的功效，提高系统的性价比。

8.3.3 监测系统构架

为了满足李家沱长江大桥结构健康监测系统的要求，对监测系统的总体结构和功能进行统筹规划，系统主要由四大功能模块组成：传感器子系统、数据采集系统、数据传输系统、数据处理与控制系统，与此相对应健康监测系统分为监测系统、健康状况分析评估系统和管理应用系统，整个健康监测系统的体系结构如图 8-5 所示。

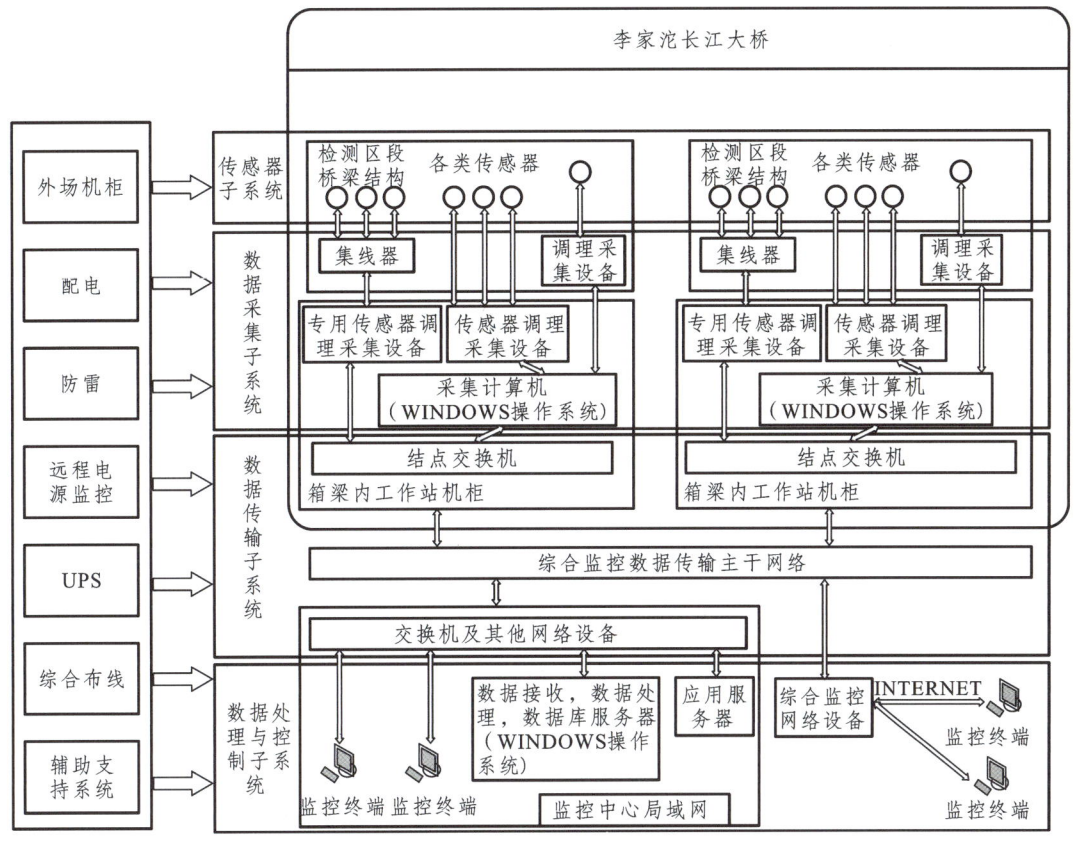

图 8-5 李家沱长江大桥健康监测系统构架图

从李家沱长江大桥健康监测系统设计原则出发，在权衡功能要求和效益成本的基础上，拟定的主要监测项目和监测内容如下：

- 结构受力监测；
- 结构温度场监测；
- 斜拉索索力监测；
- 斜拉索、钢箱梁疲劳监测；
- 钢束预应力损失监测；
- 结构位移变形监测；
- 结构动力特性监测；
- 钢-混凝土结合段监测；
- 地震响应、车船碰撞监测；
- 环境荷载及交通监测。

监测系统的开发与设计，既考虑到系统的扩展性，便于日后系统的扩充以及桥墩、支座等的定期检测及其他系统的信息录入。同时也考虑到了监测数据的实际意义，以此确定监测系统的规模与传感器布置，传感器的布置尽量做到科学合理、抓住关键和统筹安排相结合。

8.3.4 信号传输网络构架

李家沱长江大桥健康监测系统的信号传输网络如图 8-6 所示，主要由外场和内场网络组成。

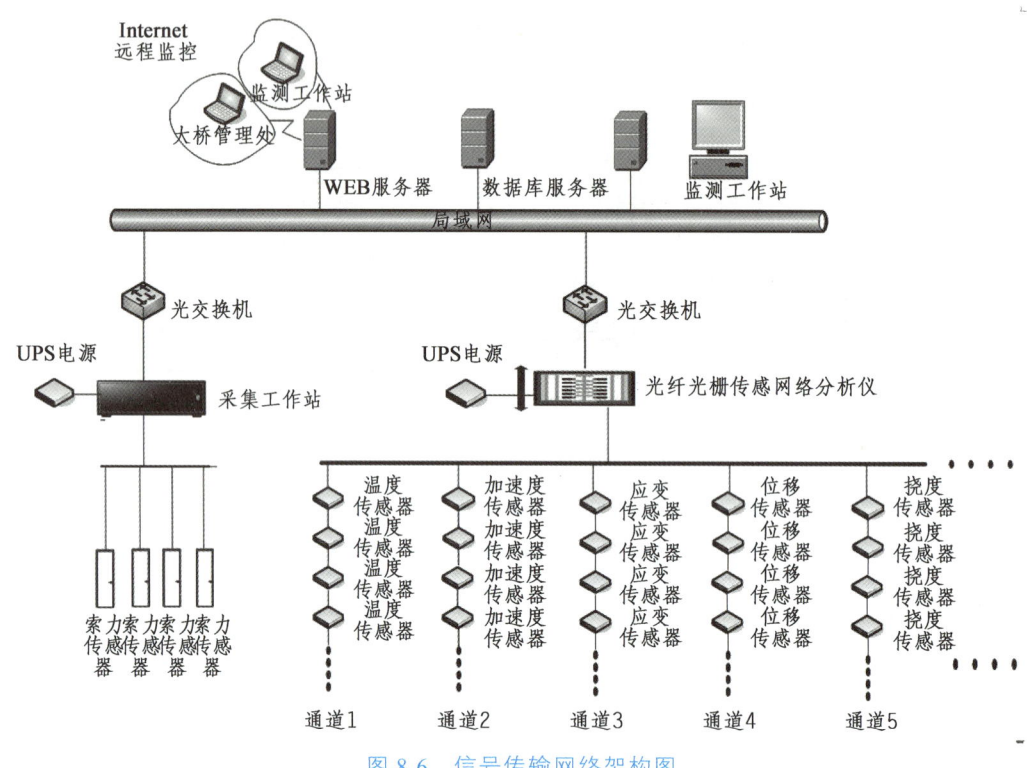

图 8-6 信号传输网络架构图

外场网络包括信号采集和传输网络，空间位置在桥梁现场和现场到监控中心，主要分为电类传感器、光纤光栅类传感器的信号采集和传输网络。电类传感器由动力特性监测传感器、压差液位连通管监测传感器、倾角仪、磁致伸缩位移传感器、GPS、视频车检和气象站组成，本传输网络在桥梁两侧各设置有一个电类传感器的信号采集站，各种电类传感器的信号通过传输电缆就近进入采集站，采集站的电信号经光电转换后变为光信号进入传输主光缆。光纤光栅类传感器由结构受力监测传感器、温度场监测传感器、动力特性监测加速度传感器、索力监测振动传感器、疲劳监测传感器、重载车监测传感器、预应力损失监测传感器、智能索和测力环组成，各种光纤光栅传感器在监测截面进行合理组串后经多芯光缆传输至就近光缆配线箱，在光缆配线箱内接入 144 芯和 96 芯传输主缆，传输主缆经线缆传输通道回传至监控中心。

内场网络由数据服务器、光纤收发器、交换机、计算机等设备组成，实现监测信号的储存、提取、处理评判和应用。网络结构采用工业环形结构，通过一个中心交换机进行连接。工业环形结构的主要特点是其自身具备冗余的特点，若环中的某个节点因模块故障或线路中断，都可以通过另外一条路径实现数据的传输，提高整个系统的可靠性（见图 8-7）。

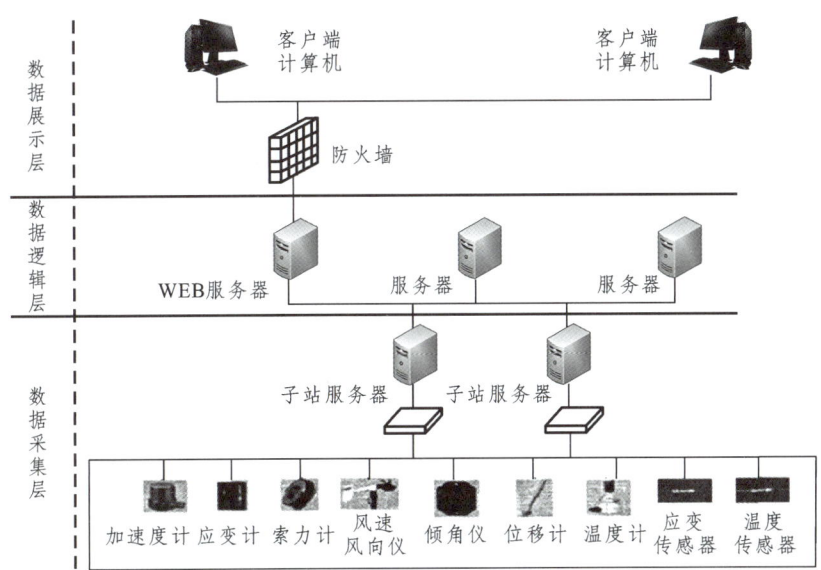

图 8-7 计算机系统总体结构

8.3.5 应用系统构成

应用系统结构如图 8-8 所示。

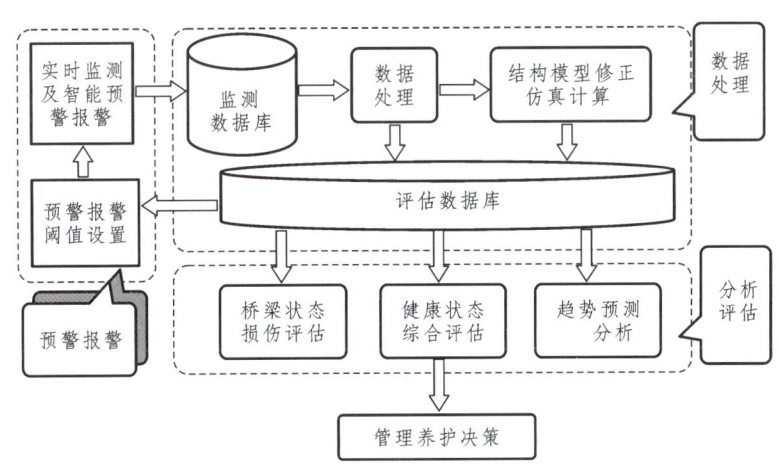

图 8-8 应用系统结构图

在李家沱长江大桥健康数据监测和采集过程中引入光纤智能材料对大桥健康数据进行实时监控。该技术通过光纤光栅传感器实现，具有抗电磁干扰、成本低等特点。SEN-AL 光纤光栅加速度计（见图 8-9）具有精度高、灵敏度高、抗干扰、寿命长等优点，可与其他类型的光纤光栅传感器组成全光监测网，主要用于大桥、大坝、大型结构等低频振动监测。主梁截面温度分布测量的目的是掌握梁体的温度场情况，并对应变传感器得到的应变数据进行温度修正，故选择 SEN-T1 表面式光纤光栅温度传感器（见图 8-10）。静力的数据采集、计算、处理采用 SEN-HOR 光纤光栅静力水准仪，该传感器具有测试精度高、可远程监测、组网能力强、自带温度补偿等优点，可与其他类型的光纤光栅传感器组成全光监测网（见图 8-11）。

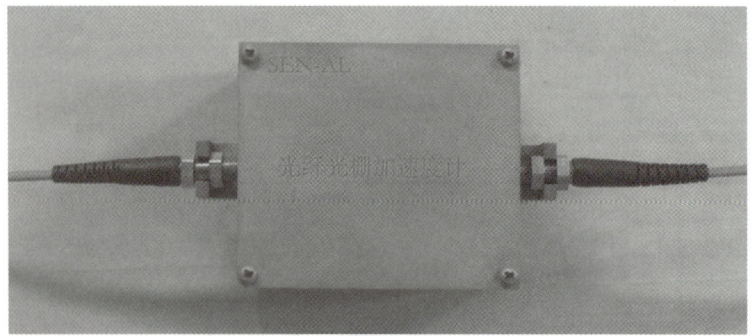

图 8-9　SEN-AL 光纤光栅加速度计

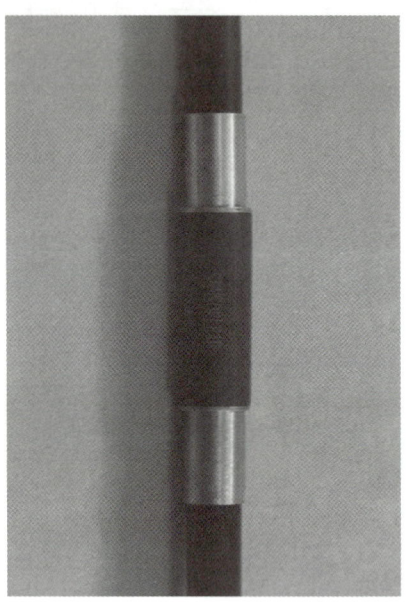

图 8-10　SEN-T1 光纤光栅温度传感器

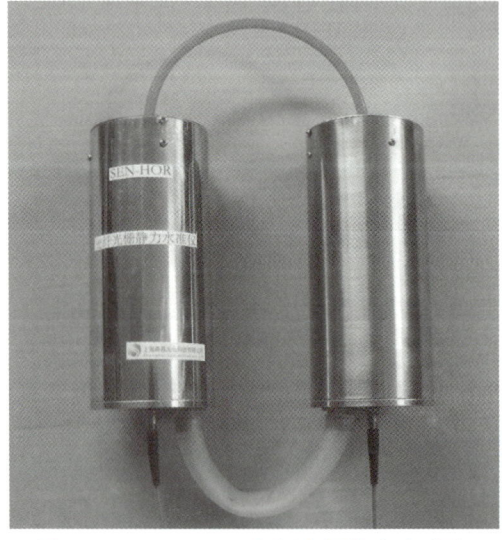

图 8-11　SEN-HOR 光纤光栅静力水准仪

主塔侧移监测采用倾斜计进行测量，本桥采用 SEN-TILT 光纤光栅倾斜计（见图 8-12）。SEN-TILT 光纤光栅倾斜计可用于对本桥主塔整体倾斜进行实时监测。传感器底座通过焊接或打孔安装，此系统具有自动温度补偿功能。光纤光栅倾斜计具有精度高、灵敏度高、自动温度补偿、实时动态监测等优点，可与其他类型的光纤光栅传感器组成全光监测网。

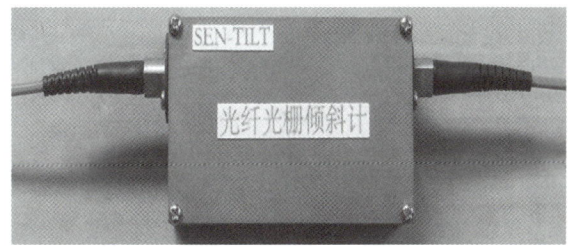

图 8-12　SEN-TILT 光纤光栅倾斜计

以上几种传感器都属于光纤光栅传感器，该类振动传感器结构简单，制作工艺不复杂，适用于中低频振动信号的检测。由于采用简单的悬臂梁结构，在光栅波长信号的检测中可能会出现光谱展宽，甚至啁啾等现象，从而产生较大的测量误差，通过采用等力臂梁结构可以克服这些问题，提高检测精度（见图 8-13）。

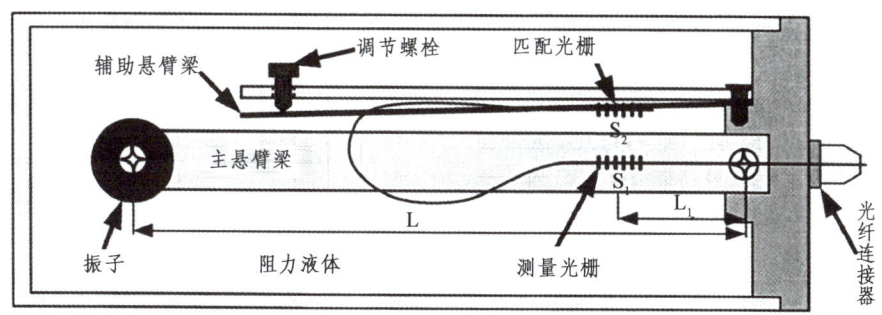

图 8-13　新型光纤光栅振动传感器结构图

8.3.6　全桥传感器测点布设情况汇总

全桥传感器布设情况汇总如表 8-1 所示，全桥传感器布置见图 8-14。全桥共布置应变传感器 67 套（见图 8-15~图 8-25），温度传感器 67 套，加速度计 26 套，索力计 16 套，倾斜计 8 套，拉线式位移传感器 4 套，静力水准仪 11 套，风速风向仪 1 套。

表 8-1　全桥传感器布设情况表

序号	类型	型号	数量	布设情况
1	应变传感器	SEN-S1	67	4 个塔柱各 6 套、主梁 7 个截面各 5 套、横隔板 8 套
2	温度传感器	SEN-T1	67	4 个塔柱各 6 套、主梁 7 个截面各 5 套、横隔板 8 套
3	加速度计	SEN-AL	26	4 个塔柱顶各 2 套、主梁 7 个截面共 18 套
4	索力计	JMM-268-C	16	2 个索面 8 幅，每幅各 2 套
5	倾斜计	SEN-TILT	8	4 个塔柱顶各 2 套
6	拉线式位移传感器	SEN-D2	4	2 个梁端各 2 套
7	静力水准仪	SEN-HOR	11	主梁 5 个截面各 2 套、不动点 1 套
9	风速风向仪	HFY-1A	1	塔顶 1 套

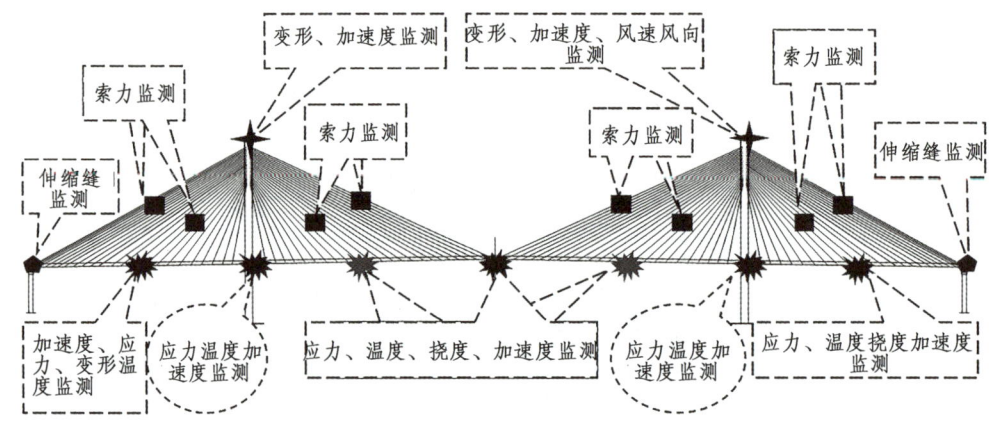

图 8-14 李家沱长江大桥健康监测项目全桥总体布置图

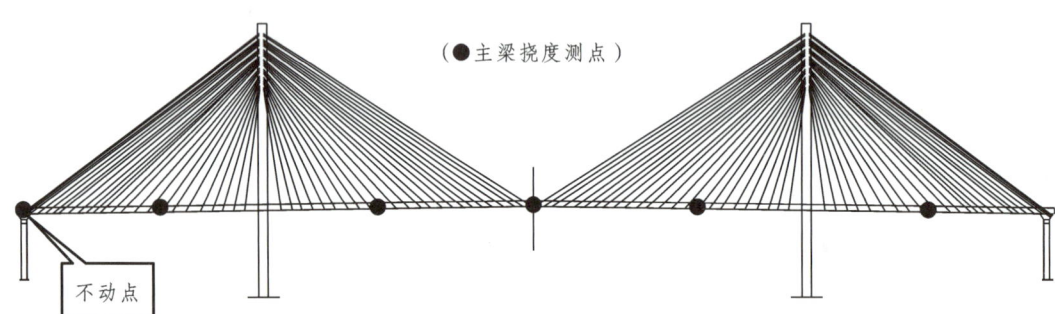

图 8-15 主梁挠度监测液位计布置示意图

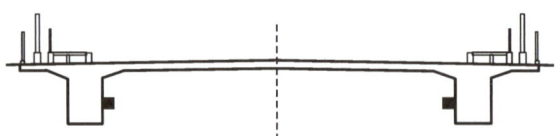

图 8-16 主梁挠度监测液位计横截面布置示意图

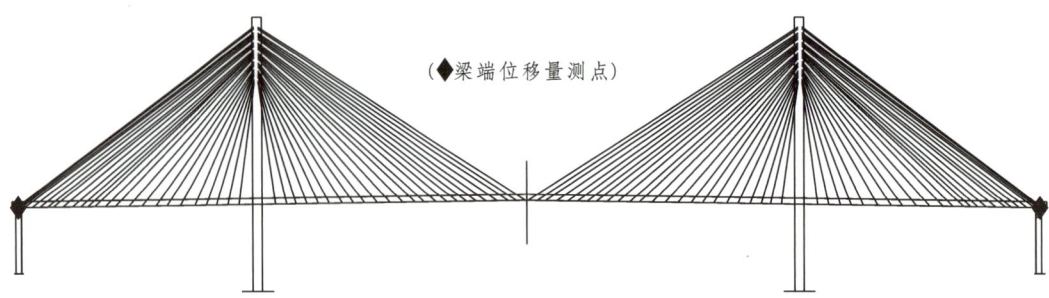

图 8-17 主梁纵向位移监测传感器布置示意图

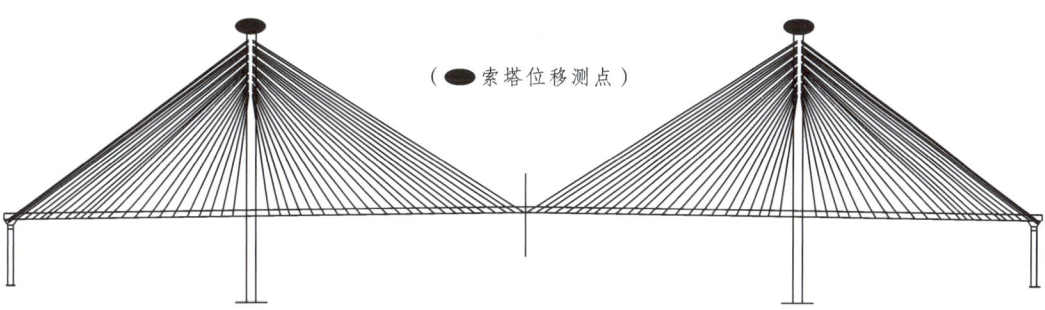

图 8-18 主塔侧移监测倾斜计传感器布置示意图

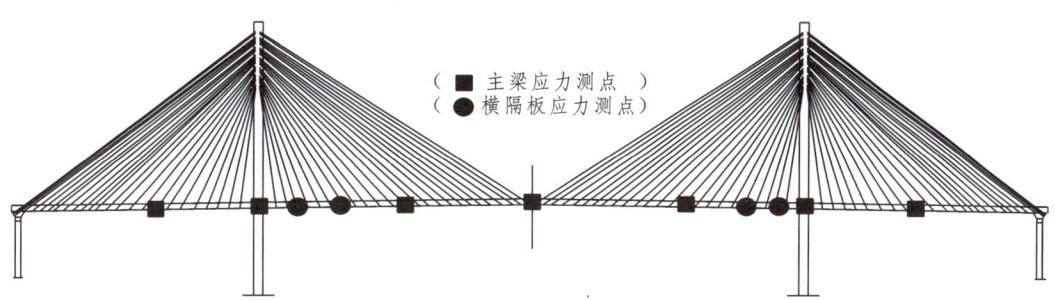

图 8-19 主梁应力监测应变传感器布置示意图

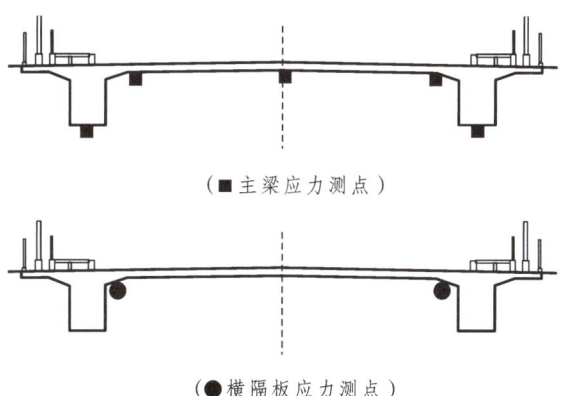

图 8-20 主梁截面应力测点布置图

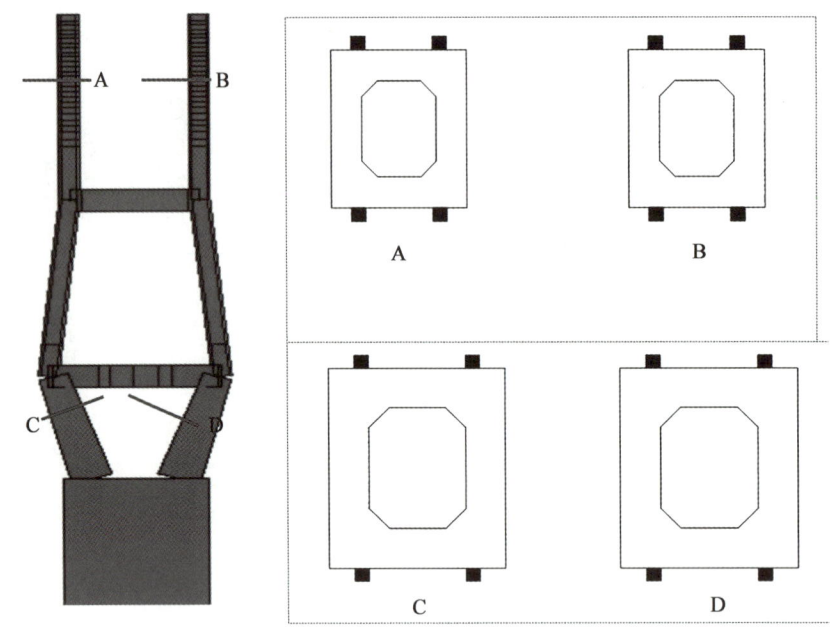

图 8-21 主塔应力监测应变传感器布置示意图

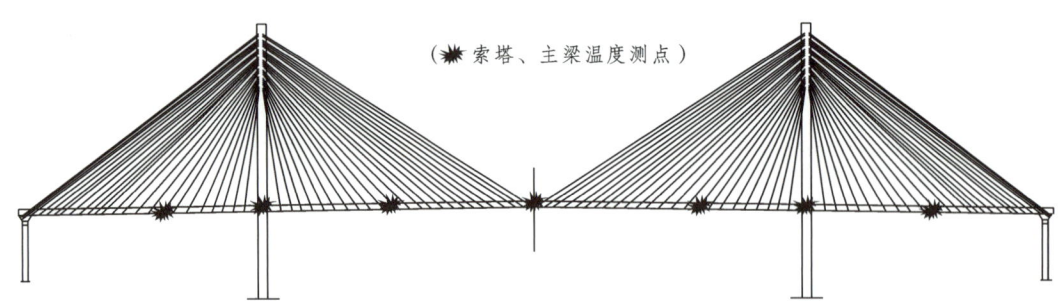

图 8-22 李家沱长江大桥温度监测截面布置示意图

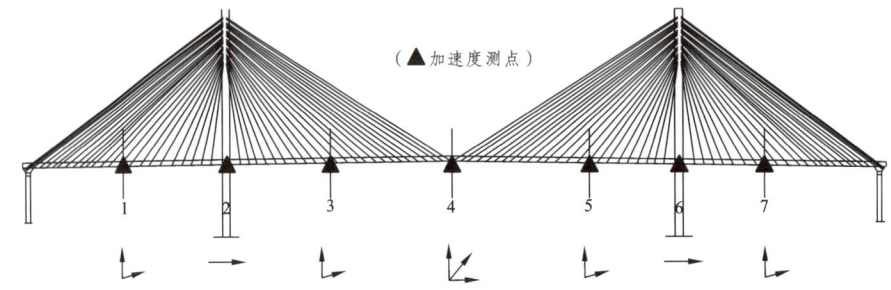

图 8-23 主梁加速度计布置断面及测点示意图

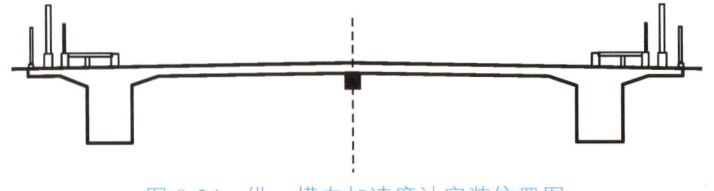

图 8-24 纵、横向加速度计安装位置图

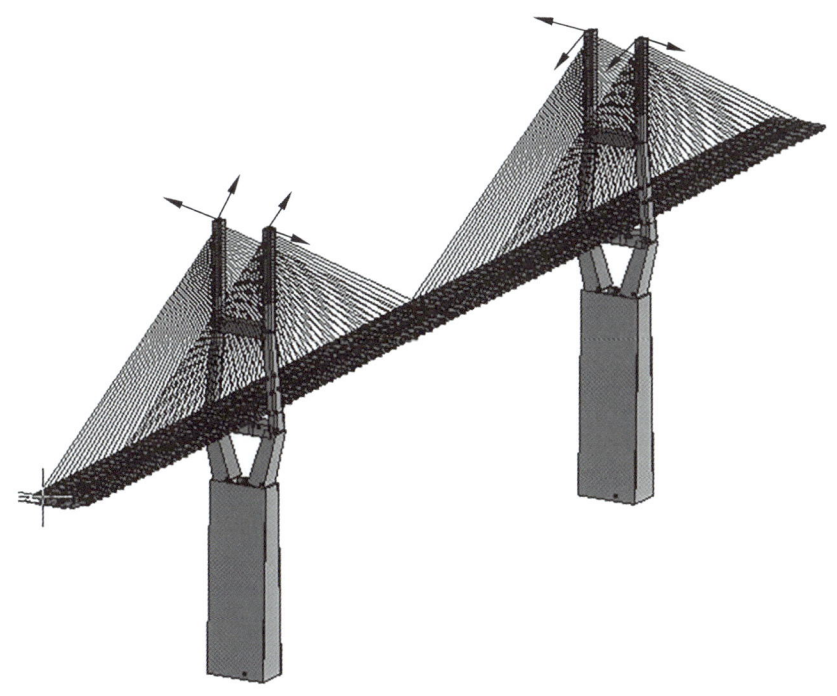

图 8-25 主塔加速度计布置示意图

8.3.7 数据采集、传输、处理和控制子系统

1. 数据采集系统

李家沱长江大桥结构健康监测系统数据采集子系统由光纤光栅传感网络分析仪、拉索索力自动化测试系统和综合信息网络组成，其总体技术要求如下：

➢ 系统应具有与其安装位置、功能和预期寿命相适应的质量和标准。

➢ 系统应能在无人值守条件下连续运行，采集得到的数据可供远程传输和共享，采样参数可远程在线设置。能连续采样，在报警状态下（台风、地震、船撞等）能够进行特殊采样和人工干预采样。

➢ 数据采集软件应具有数据采集和缓存管理功能，并能对现场数据进行基本的统计运算，以便显示相应信息。

➢ 对每个传感器信号提供在线预览、滤波、变换和同步统计处理功能，以便根据实际传感器信号的时域、频域性质合理设置采样参数。

➢ 系统软件操作权限分为多级。只有系统管理员具有运行配置数据库、编辑配置文件、修改传感器校准数据等操作权限，而一般的普通管理员不应被赋予上述操作权限，以保证系统安全。

➢ 当系统的一个或多个部分暂时断电时，系统的各个部分应无需人为干涉即可自动重新启动、同步校准和继续正确运行，并保留断点信息。

数据采集采用实时监测与定期监测、检测相结合的方法，进行全面的系统监测。实时监测以传感器自动采集数据方式实现，定期监测以人工输入数据方式实现。实时监测的采集模式如图 8-26 所示。

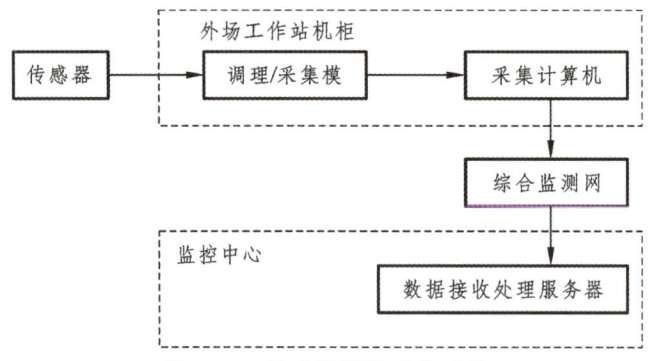

图 8-26 传感器数据采集系统

（1）光纤光栅采集子系统。

光纤光栅传感器采用的采集计算机为 PI03 型光纤光栅传感网络分析仪，如图 8-27 所示。该光纤光栅传感网络分析仪的参数见表 8-2。

图 8-27 PI03 型光纤光栅传感网络分析仪

表 8-2 光纤光栅传感网络分析仪技术参数表

类型		PI03
主要指标	通道数	1～24
	最大测点数/通道	温度：18；应变：16；位移：5；压力：8
	采样频率	单通道 50 Hz
可测参量及精度	温度	分辨率：0.1 ℃；测量精度：±0.5 ℃
	应变	分辨率：1 με；测量精度：±3 με
	位移	分辨率：0.05 mm；测量精度：0.5%F·S～1%F·S
电子参数	工作电压	220 V±10%，50 Hz
	数据接口	10M 以太网口、RS232 串口、USB 接口
环境参数	工作环境	0～40 ℃
	工作湿度	0～80%无结露

（2）索力采集子系统。

索力采集子系统主要由 JMM-268-C 数字化加速度传感器、总线型多点采集控制器、监测工作站和监测软件组成。传感器由 RS-485 总线串接起来，测量数据通过总线型多点采集控制模块传输至监测工作站，并保存到数据库。索力采集控制器的技术参数见表 8-3。

表 8-3　索力采集控制器技术参数表

类型		索力采集控制器
主要指标	频率测量范围	0.3 ~ 65 Hz
	频率测量精度	0.5% ± 0.01 Hz
	温度测量范围	− 20 ~ 120 ℃
	温度测量精度	1 ℃
	接口	RS485
	串接传感器数量	2 ~ 64
数据传输距离		1 200 米（不接中续器）
电源		36 V 交流电
防雷标准		符合 IEEE 标准

2. 数据传输子系统

该桥的数据传输子系统同时对主塔、主梁进行在线监测，由于多个光纤应变传感器具有不同的反射光中心波长，所以可以通过一根光纤串接成为光纤传感链，每个监测截面的应力、温度、加速度、挠度、位移，传感器用一根光纤连成一串，占用光纤传感网络分析仪的一个或多个通道，通过光纤传感网络分析仪自动采集各断面的位移、应力、温度、加速度等信息；同时，靠索力自动化采集系统获取斜拉索索力信息。两种信息依靠光纤网络传输到监控中心，以供数据的分析和处理。

3. 数据处理和控制子系统

大桥健康监测系统对于数据管理采用的方法：构造多层次相互关联的关系型数据库，直接以数据库方式存储原理数据，以便根据各种查询条件检索原始数据，降低数据的存储资源耗用，提高数据存储与管理效率。

系统根据用户设定自动进行原始数据的预处理，通过图形界面，用户可以观察到数据及其处理结果的过程，即可对原始数据进行动态分析，同时可将指定数据转换存储为用户指定的格式，为数据交换、共享提供接口和平台。

为保证基于网络的系统安全性，数据管理还应具有访问控制功能。数据库访问采用客户端用户系统与服务器用户系统的双重用户验证系统。数据库访问设有三个访问级别：最高权限用户、次高权限用户、最低权限用户。最高权限用户的最大特点就是可以设定和修改系统参数数据库的各种参数，包括：传感器校准数据、传感器采样参数、定期采集制度、实时采集制度、数据存储参数、实时报警阀值、系统分析参数、基本结果参数。

8.3.8 系统软件的设计

为满足李家沱长江大桥结构健康监测功能的需要，在总体设计上，采用了 C/S+B/S 的混合软件体系结构，通过集中监控计算机实现对现场数据的采集、分析、统计和入库，通过 Active x 控件来扩展浏览器前端功能，实现了运行状态的远程实时监测，从而改变以往只有现场监控人员才能看到系统实时运行画面的状况，使管理人员和技术人员能够在远程实现资源配置和管理。软件结构分为系统支持层、核心构件层、服务层、业务过程和服务组合层、表示层和集成体系结构 6 层。

针对桥梁结构健康监测系统实际运行要求，为方便管理单位快捷方便地浏览监测信息，系统软件具有界面的友好性和良好的操作性，具体要求如下：

- 系统能准确地展示各项实时监测信息，并支持各项信息的实时历史数据查询。
- 模拟仿真的三维场景图代替真实环境，方便观察与展示，实现桥梁监测系统的数字化展示。
- 系统能够提供准确快捷的预警报警提示信息、历史数据趋势查询，方便浏览还原监测中出现的问题，
- 具有历史数据的分布式存储、备份功能，可记录运行生命周期中大量的历史数据。
- 系统在输入、输出及处理数据的精度上做了严格的检验与控制，保证数据的完整性、正确性。
- 系统在响应时间、处理时间、数据传输时间等方面进行优化，保证系统的稳定运行，并极大程度地降低系统的故障概率。

桥梁健康监测软件在 Widnows 平台下开发，软件的主要功能模块如下：

（1）实时监测功能。

本项功能是在三维场景里面显示传感器截面，在截面里面设置传感器节点，通过配置将节点和传感器对应起来，这样能实时显示传感器当前采集的物理量。本功能包括三维场景漫游、传感器配置、截面配置（包括增加、修改、删除功能）、时程曲线显示、对比时程曲线显示、曲线报表打印、数据导出等功能。

（2）监测分析功能。

本项功能是利用统计方法结合结构分析方法对监测项目进行分析，同时按要求做出曲线图、柱状图等图形。本功能包括应变监测分析、全桥温度监测分析（分上下游）、斜拉索索力分析、主梁线形分析、GPS 位移分析、伸缩缝位移分析、动力特性监测分析、环境气象监测分析、车流分析等功能。

（3）报警查询功能。

本项功能是用来查询传感器的报警事件，可以通过选择时间段进行查询，查询结果分十大类进行显示，可以通过进一步点击操作，查看每一大类的详细报警信息。

（4）桥梁评估功能。

本项功能是采用层次分析法，利用在线检测和巡检输入的数据进行功能评估，能分项显示部件得分，并能显示最低的 3 个得分部件，将评估结果打印输出。

（5）报表打印功能。

本项功能是将监测分析的结果和统计气象、车流信息自动生成报表，生成的报表为 Word 文档格式，可以后续进行编辑。

（6）巡检输入功能。

本项功能是按照桥梁检测规范，将巡检结果输入系统，给综合评估提供基础数据。

（7）桥梁档案功能。

本项功能用于对桥梁的各类数据进行管理，可以进行综合查询。

（8）系统维护功能。

用于系统基础数据的维护，包括桥梁部件、检测项目、系统用户等管理功能。

8.3.9 应用效果

安全信息获取传感器的安装周期贯穿了建桥的全过程，为了有效监测混凝土结构的受力情况，在主塔、桥墩和混凝土梁的施工中，预埋了光纤光栅传感器，可更准确地体现结构内力的变化情况；在预应力索的施工中预埋了预应力损失监测传感器，以监测预应力的长期发展变化；在斜拉索施工中，预制了光纤光栅智能索和安装了光纤光栅测力环，实现索力的精确检测；在钢箱梁的生产过程中安装了温度应力监测传感器，随着桥梁的合龙竣工，所有传感器的安装和信号的组网传输工作也全部完成，形成了一套完整的桥梁结构健康监测系统。李家沱长江大桥健康监测系统取得的成果和创新主要表现为在国内首次大规模采用多种光纤传感技术，对桥梁结构安全信息进行长期连续采集及分析处理，为桥梁的结构健康状况评估提供数据支持；实现了基于内置光纤光栅传感器的智能拉索的大跨度斜拉桥上的实桥应用，并实现了对挂索施工、荷载试验和运营的全过程监测，取得了很好的应用效果；实现了对预应力混凝土桥预应力长索的沿程预应力损失长期在线监测，为分析该类型桥梁跨中下挠和梁体开裂病害的产生提供监测依据，不仅具有较好的实用性，也可用于对相关理论的验证；首次使用了光纤光栅振动传感器开展大型桥梁全桥动力特性在线监测；通过对实时监测信息的分析处理，完成了桥梁工作状态判别、趋势预测，实现了桥梁健康状况的在线监测与评估并使用波分复用技术，实现了在有限的带宽范围内增加光纤传感网络的系统容量，构建了包含千余个监测信息参量的基于光纤传感技术的大型桥梁健康监测网络。

李家沱长江大桥长期健康监测与报警系统的研究与开发，到目前为止，大量的工作主要是围绕如何建立一套性能长期稳定、监测数据准确可靠、能充分获取桥梁结构特征信息并能实时掌握桥梁结构健康状态的监测与报警系统，而这个系统的安全评价功能只是初步的。如何实现自动评价大桥结构承受动、静载的能力，评价结构的安全性和可靠性，自动进行结构的损伤识别和寿命评估等，还需要进行大量理论研究和现场实测数据的积累。

8.4 苏通大桥结构健康监测系统设计

8.4.1 工程概况

苏通大桥（见图 8-28）位于江苏省东部的南通市和苏州（常熟）市之间，西距江阴长江大桥 82km，东距长江入海口 108km，北接盐通和通启高速公路，南接苏嘉杭和沿江高速公路，是原交通部（现交通运输部）规划的黑龙江嘉荫至福建南平国家重点干线公路和江苏省规划的"四纵四横四联"公路主骨架"纵一"线的重要组成部分。苏通大桥全部工程由跨江大桥工程、北岸接线工程和南岸接线工程三部分组成。跨江大桥工程总长 8146m，其中主桥采用主跨 1088m 的双塔双索面钢箱梁斜拉桥，是我国建桥史上工程规模最大、建设标准最高、技术最复杂、科技含量最高的现代化特大型桥梁工程，也是世界斜拉桥建设史上的标志性工程。由于苏通大桥规模宏大，其检查、养护和维修费用是昂贵的。

随着桥龄的增加，大桥健康状态将逐渐退化，相应的检查、维修和加固工作会日渐加重。为保证苏通大桥在整个设计使用寿命内的安全运营，同时尽量减少大桥的管理维护费用，必须建立一套功能全面、性能优良、稳定耐久、经济合理的结构健康监测与安全评价系统。且桥梁健康监测与安全评价系统的建立对于提升桥梁工程的设计、施工和管理水平亦具有十分重要的意义。苏通大桥结构健康监测与安全评价系统设计研究项目由江苏省交通科学研究院和香港理工大学联合承担，并与东南大学合作研制完成了苏通大桥结构健康监测系统。本节详细介绍该健康监测系统的四个主要子系统和结构健康评估核心系统的五个子模块，同时指出大跨桥梁健康监测系统存在的问题。

图 8-28　苏通大桥

8.4.2　系统设计

根据苏通大桥的结构特点和地理环境、系统的建设规模和造价要求等，拟定苏通大桥结构健康监测与安全评价系统的设计目标、预期功能、总体框架和运作流程；根据传感器系统方案，结合苏通大桥的地理环境，合理经济地确定数据采集与传输系统方案，如数据采集设备的选型、布置和保护以及数据传输网络的选型和布置等。苏通大桥结构健康监测与安全评价系统的组成如图 8-29 所示，包括下列四个子系统：

（1）传感器系统（SS）：由固定式传感器系统和便携式传感器系统组成，用于监测苏通大桥的荷载（包括环境因素）及响应，为结构健康监测与安全评价系统提供输入信号。

（2）数据采集与传输系统（DATS）：由数据采集单元、数据传输网络和相应的软件系统组成，用于采集传感器信号并将其传输给数据处理与控制系统。本系统包含便携式采集系统，由便携式数据采集器、便携式电缆或无线网络和相应的软件系统组成。

（3）数据管理与控制系统（DMCS）：由数据管理与控制服务器和相应的软件系统组成，用于控制数据采集系统以及数据的预处理、显示、归档和存储等。

（4）结构健康评估系统（SES）：由结构健康评价服务器、结构健康评价工作站和相应的软件系统组成，用于数据库管理、数据分析和结构健康状况评价等。

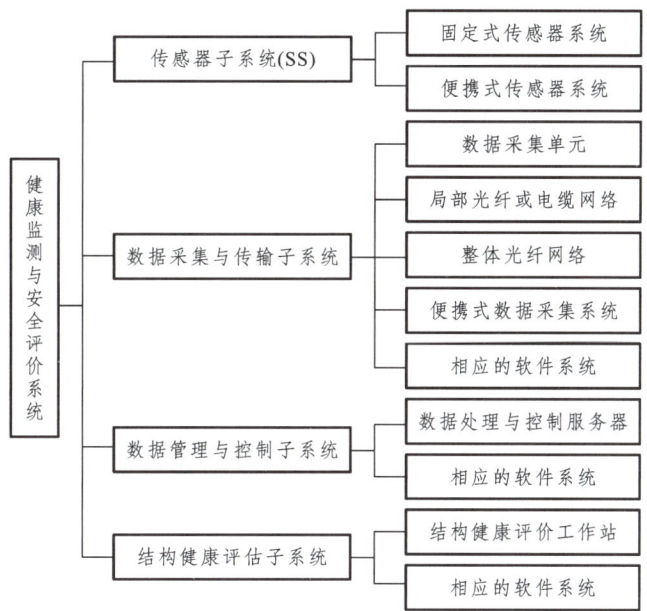

图 8-29 结构健康监测与安全评价系统

8.4.3 系统功能

1. 传感器系统及传感器布置

任何一个桥梁结构健康监测系统，其传感器数量都是有限的。如何合理布设传感器，以期利用有限数量的传感器获得尽量多的有用信息，是一个值得研究的课题。监测系统中监测项目的选择主要依据对苏通大桥的力学性能和结构参数的分析，同时也兼顾桥梁所处的环境、项目经费限制等因素。传感器的数量和测点位置经过仔细分析，在满足结构健康评估需要的前提下，做到尽量简洁，苏通大桥主桥传感器总体布置如图 8-30 所示。

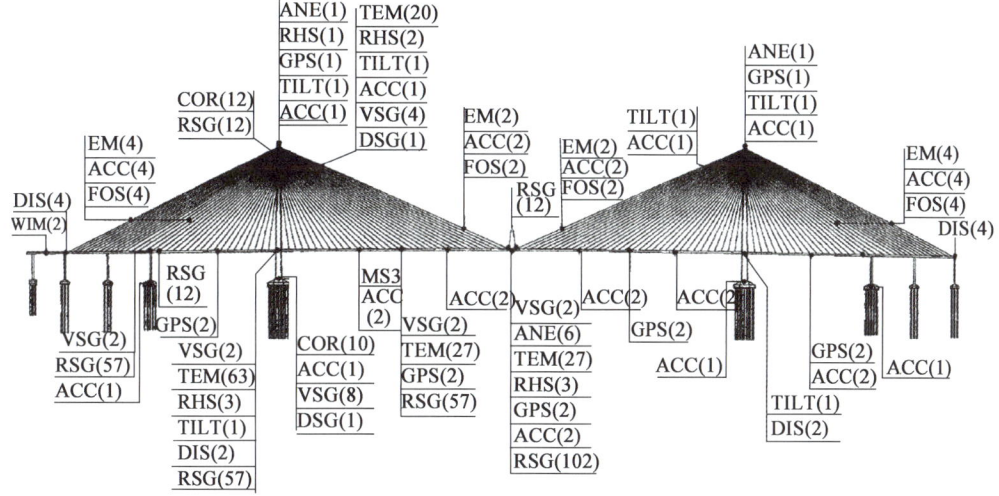

ANE:风速仪　　　　WIM:车速车轴仪系统　　TILT:倾斜仪　　　　RSG:电阻应变片　　FOS:光纤传感器
TEM:温度计　　　　DIS:位移传感器　　　　VSG:振弦式应变计　EM:磁感应测力仪
RHS:空气温湿度计　GPS:全球定位系统　　　ACC:加速度传感器　DSG:无应力计

图 8-30 苏通大桥传感器总体布置图

2. 监测对象

传感器监测可分为荷载监测和结构响应监测。其中，荷载监测又可分为环境荷载源（风和温度）、交通载荷、腐蚀作用等方面的监测。结构响应监测主要包括整体位移、索塔和桥墩倾斜度、支座位移、拉索索力、结构应变等方面的监测。

传感器系统特点：是保证结构健康监测与安全评价系统的功能性、稳定性和耐久性的先决条件，结构健康状况评估结果的正确性、可靠性等首先取决于来自传感器系统的测量信号的质量。苏通大桥结构健康监测与安全评价系统的传感器系统具有以下特点：

（1）监测对象类型。

本传感器系统的监测对象可分为三类：结构响应；荷载源；结构特性。其总数达 16 种，传感器类型总数达 14 种。通过上述监测，可建立荷载与结构响应之间的因果关系。

（2）传感器布置合理。

反映被测物理量的自身特性，如本传感器系统中风速仪的布置方案可较好地反映桥址处的风场特性，包括平均风速、脉动风功率谱和风的水平向及竖向相关性等；提供被测物理量的全面信息，如全球定位系统（GPS）和倾斜仪的布置方案可很好地反映全桥的线型；位移传感器的布置方案可全面了解主桥和辅桥伸缩缝、支座和阻尼器的活动情况；加速度传感器的布置方案可较好地识别出结构的模态特性等；对重要部位进行重点监测，如布置在主跨跨中等控制截面的大量温度计和应变片可较好地反映出该处的温度场与应力应变分布。

（3）采用了先进的传感器。

在对目前世界上已安装的桥梁健康监测系统进行深度调研后，本传感器系统采用了许多先进的传感器，如全球定位系统（GPS）、车轴车速仪系统、光纤传感器和腐蚀测量单元等。通过使用上述先进传感器，可以更全面、更准确、更深入地对桥梁进行监测。

8.4.4　数据采集与传输系统

1. 系统组成

数据采集与传输系统负责传感器信号的采集、调理、预处理、显示、传输和保存等。数据采集与传输系统由数据采集单元、数据传输网络和相应的软件系统组成。

（1）数据采集单元。

包括 9 个数据采集站和 2 个数据采集子站，每个数据采集站由 PXI 仪器平台、SCXI 信号条理模块和数据采集模块组成。数据采集子站与数据采集主站的不同在于其本身不包括 PXI 仪器平台，数据采集子站通过 MXI-3 串行连接至数据采集站，光纤连接距离可达 200 m。

每个数据采集单元由一个数据采集站和若干个数据采集子站（可选）组成，数据采集子站通过 MXI-3 串行连接至数据采集站，光纤连接距离可达 200 m。从功能角度考虑，数据采集站可划分为以下三个部分：PXI 仪器平台、SCXI 信号调理模块、多功能数据采集模块。从硬件结构角度考虑，数据采集站可分为以下两种结构：PXI 和 SCXI 分离式机箱结构、PXI/SCXI 组合式机箱结构。数据采集单元的仓房如图 8-31 所示。

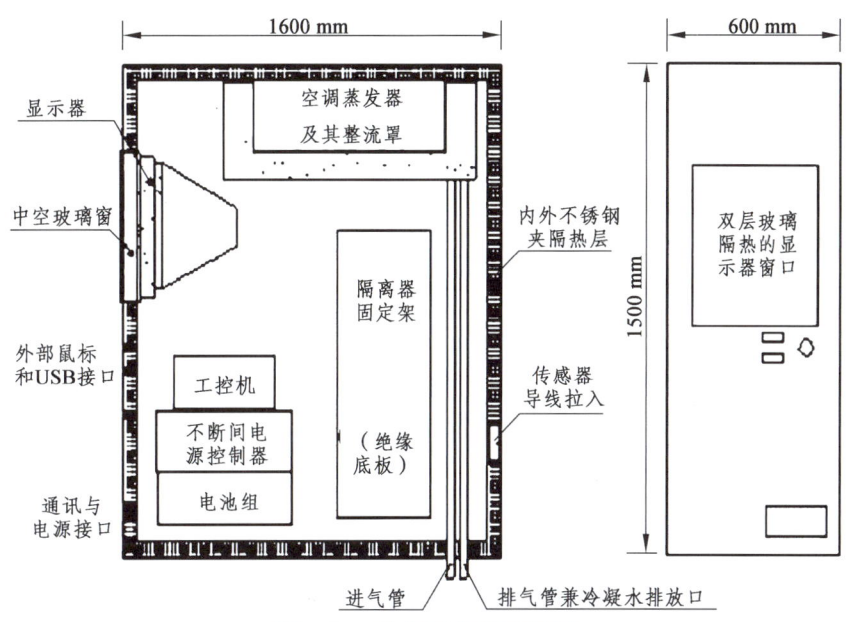

图 8-31 数据采集站示意图

（2）数据传输网络。

数据管理与控制系统方面，系统组成及功能数据管理与控制系统（DMCS）由数据管理与控制服务器（DMCS-1）和视频图像管理服务器（DMCS2）组成，包括硬件部分和软件部分。其中，硬件 DMCS-1 和 DMCS-2 各为一个 64 位双 CPU 服务器，软件为基于 LabVEW 的数据采集与分析软件。数据管理与控制服务器 DMCS-1 功能：控制数据采集系统进行数据采集；对采集的原始数据进行二次预处理；显示各种监测数据、图表和信息；管理一个用于存储原始数据及其预处理结果的动态数据库（DrnaieDatabase）。该动态数据库采取分布式存储，保存原始数据至少 30 天，保存预处理结果至少 1 年；定期存档、备份数据；作为数据服务器，为授权用户通过结构健康评价服务器访问动态数据库提供服务；访问各数据采集站（DAU），查询其运行日志，管理运行状态。实现健康监测与安全评价系统与交通工程系统安装的视频交通监测设备进行数据共享。

数据传输网络由局部光纤或电缆网络和整体光纤网络组成，局部光纤或电缆网络将各传感器连接到数据采集单元，整体光纤网络将各数据采集单元连接成星形网络（见图 8-32），并将采集的数据传输到数据管理与控制系统服务器，传输介质为光纤。

（3）软件系统用于数据的采集、传输和预处理等。

（4）数据管理与控制。

系统对传感器的信号进行采集后形成数据文件，分布存储在各个数据采集单元上，数据滚动存储时间大于 15 天。运行控制室数据管理与控制服务器上的数据管理软件，可以实时地获取所有传感器的历史数据和在线数据，获取所需的分析结果，并可将指定数据转换存储为用户指定的格式，为数据交换、共享提供接口和平台。

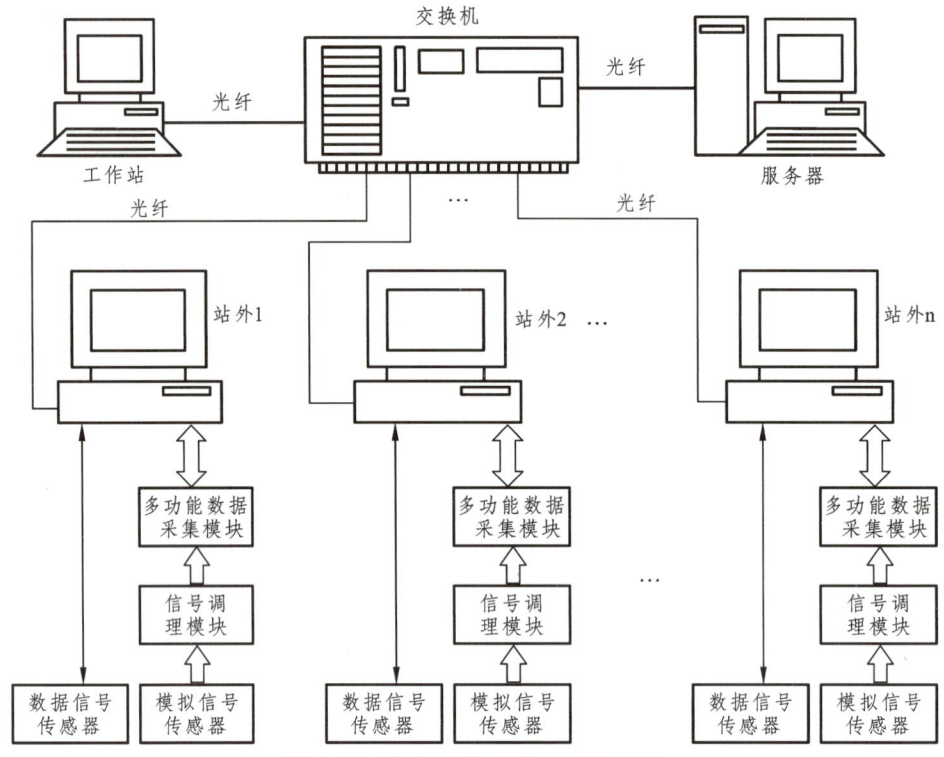

图 8-32 数据传输星型网络示意图

为了最大限度地提高设备利用率、减小数据损失的风险，本系统数据存储采用分布式存储结构。每个数据采集单元（DAU）的本地硬盘均作为数据存储介质，用于存储本站采样的数据。原始数据并不实时传送到数据管理与控制服务器（DMCS-1），而是先保存在数据采集单元（DAU）内，但 DMCS-1 仍可实时访问 DAU 内的原始数据。DAU 可保存 15 天或更长时间的原始数据，DAU 内的原始数据将实时或定期发送到 DMCS-1 保存。DMCS-1 可保存 45 天或更长时间的原始数据，DMCS-1 的原始数据每年备份一次后删除以接收新的原始数据。

桥梁长期监测系统的数据量庞大，长时间的连续监测将形成海量数据。而且数据类型多，既有监测的数字、图像数据，又有设计的图表信息，还有检查结果的表格及某些非数字的描述信息。当前，很多已实施的桥梁健康监测系统的数据处理能力较差，对于实时地处理、分析和管理海量数据往往显得无能为力。而本系统的特点在于特别注重对数据的有效管理。

8.4.5 结构健康评估系统

系统组成结构健康评估系统是苏通大桥结构健康监测和安全评价系统的核心内容。结构健康评估系统由结构健康评价系统硬件部分和结构健康评估软件部分组成，负责管理原始数据库、结构信息数据库，对数据进行深度分析，以及评价结构健康状况和生成结构健康状况报告。系统硬件主要指用于结构分析和健康评价的高性能服务器和工作站；系统软件主要指商用有限元分析软件和结构健康状况评估软件。结构健康状态评价的硬件系统由安装在控制中心内的一台工作站组成，主要用于结构健康评估及其图形显示。商用有限元分析软件应具备强大的前后处理功能和分析功能，其中分析功能应该包括线性分析功能和非线性分析功能。

结构健康评估是桥梁结构健康监测的核心和目标，并为桥梁的日常管理养护提供依据，然而，基于监测系统的健康状况评价方法可以说是当前桥梁健康监测系统最为缺乏的内容。当前的监测系统往往只具有对异常状态的报警功能，而对正常运营状态下的桥梁工作性能缺乏科学的评估。而且桥梁健康监测系统往往和日常的养护管理相脱节，使得健康监测系统失去真正的意义。将实时健康监测系统和日常的养护管理结合是当前桥梁维护管理系统的趋势所在，两者在桥梁管理系统中的作用相辅相成、互为补充，共同为桥梁养护管理系统服务（见图 8-33）。一方面，日常的养护管理工作能够及时发现一些实时健康监测系统没有或无法监测的结构缺陷、材料退化或裂缝，将这些结构缺陷、材料退化或裂缝等纳入监测系统的结构数据库中，更新结构的有限元模型（如刚度、材料特性、构件尺寸、缺陷或损伤等），有助于提高结构健康评价的准确性和科学性。另一方面，桥梁结构健康监测与安全评价系统综合利用先进的结构分析、损伤识别、信号处理、可靠度理论等技术，诊断可能发生结构损伤或灾难的条件和环境因素，评估结构性能退化的征兆和趋势，指导日常的养护管理工作。

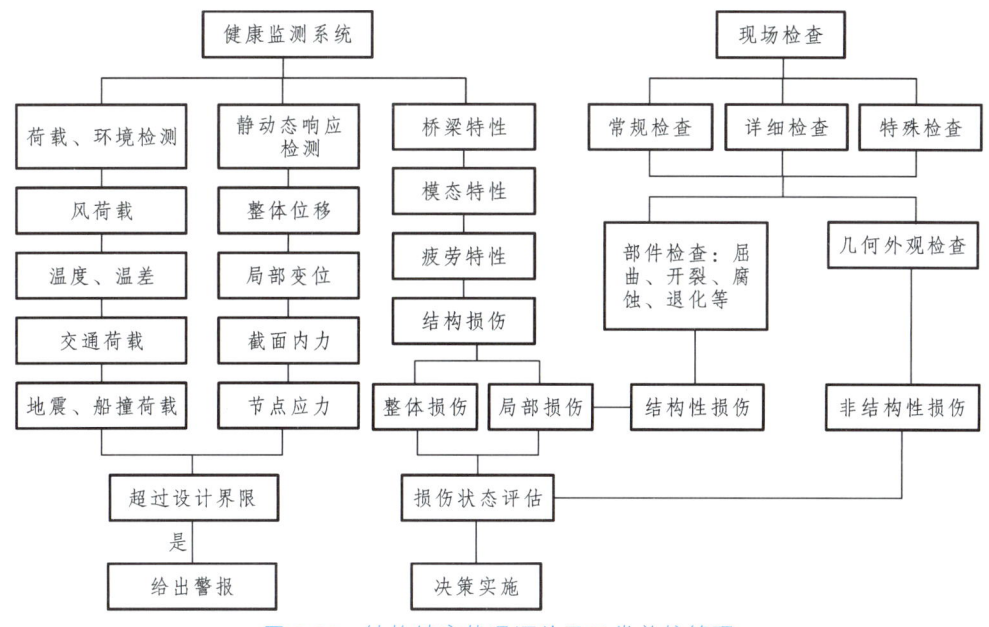

图 8-33　结构健康状况评价及日常养护管理

苏通大桥健康监测和安全评价系统的结构健康状况评价将实时健康监测系统和日常的养护管理结合，提出了可行的结构健康状况评价策略。结构健康状况评估共由 5 个模块组成：桥梁评级系统、适用性评估、损伤诊断和预测、耐久性评估和安全性评估，各个模块间相辅相成。

苏通大桥健康监测系统是先进的光纤、光电测量技术，计算机技术和土木工程技术交叉融合的产物；系统成功融合了多参数测量系统，实现了大型桥梁的静力学、动力学参数的远程在线自动监测。但是关于大跨桥梁健康监测还有许多问题需要进行探索研究，尤其是在损伤识别、状态识别与安全性评估等方面。

8.5 南京地铁隧道沉降光纤监测

8.5.1 工程概况

南京地铁二号线"集—云"区间位于南京建邺区,区间两端地铁站分别为集庆门大街站和云锦路地铁站(见图8-34),其中云锦路地铁站邻近侵华日军南京大屠杀遇难同胞纪念馆,隧道区间下方为人造坑洞,由于坑洞存在,隧道结构体处于不稳定地层之上,本项研究主要以光纤传感技术为基础,对该段隧道进行沉降光纤监测,通过沉降光纤监测与实际比对实现对该项工程的健康监测。

图8-34 地铁区间隧道平面图

"集—云"区间的里程为 k8-800 至 k9+800,全长约 1 km,其中集庆门大街站为监测区间的起点,桩号为 k8-800,云锦路站为监测区间的终点,桩号为 k9+800,对应终点距离为 1 000 m,即"集—云"区间范围是 0 至 1 000 m,隧道顶埋深 4.7~14.7 m,采用盾构法施工,区间隧道为盾构管片结构,隧道盾构管片作为隧道永久支护结构,隧道内径 5.5 m,隧道外径 6.2 m。从集庆门大街站到云锦路站区间范围内,隧道并不是在同一海平面上,隧道区间在开始有上升趋势,在 350 m 处隧道开始下降,在 750~850 m 范围内呈水平状态,850~950 m 范围内呈上升趋势,隧道结构体下部岩性也不尽相同,中间范围内岩土体性质较差,两侧为基岩,岩土体性质较好。

8.5.2 基于光纤传感的隧道沉降监测的应用

地铁隧道沉降是地铁安全运营的重大安全隐患,同时南京地铁二号线"集—云"区间经前期勘测，发现部分范围内发生沉降现象，由于传统监测手段成本高、不连续、监测精度差等缺点，故采用光纤传感技术进行长期监测，希望能够得到精确、可靠的隧道沉降数据，通过分析数据结果判断南京地铁二号线"集—云"区间是否存在安全隐患以及是否需要进行维修处理；南京地铁二号线"集—云"区间隧道主要监测目的是分析隧道沉降量的变化，因此主要监测内容包括管片差异沉降监测和管片接缝张合量监测。

基于监测目的和监测内容，为保证监测成果符合预期，需要保证监测数据符合监测要求，具体监测要求如下：

（1）监测数据应保证每隔15天采集一次，共采集12期，监测周期内监测光缆应不受干扰；

（2）分布式应变光缆监测数据误差小于1%，弱光栅光缆监测数据误差小于5%，通过隧道沉降计算所得的沉降量误差小于5%，监测数据平均值与理论值相差小于3%。

监测光缆的选择对监测工程能否顺利进行具有决定性作用，不同光缆具有不同的物理性质，根据监测要求的不同而选择不同物理性质的监测光缆。在南京地铁监测项目方案设计之初，考虑到密集分布式光缆、温度感测光缆选择性少，因此主要考虑分布式应变光缆的选择。分布式应变光缆不仅已经被运用于各类工程实践中，且选择性较多，各种分布式应变光缆都具有独特的优缺点，为了选择合适的分布式应变光缆，针对各类应变光缆的优缺点以及它们在南京地铁隧道沉降监测项目中的适应性进行分析。分布式应变光缆主要包括：0.9mm紧包护套应变光缆、凯夫拉护套应变光缆、2mm聚氨酯紧包护套应变光缆三种。

1. 管片差异沉降监测

本项目监测区间为集庆门大街至云锦路地铁站，采用密集分布式技术对下行线进行监测，采用分布式技术对上行线进行监测，在下行线左腰布设弱光栅光缆。在上行线左腰布设分布式光缆，即地铁隧道中隔墙两侧腰部分别布设两种监测光缆，互为验证。将分布式应变感测光缆沿着隧道侧壁按"Z"字形方案布设，光缆固定在每个管片的圆环上通过平面几何关系将管片竖向沉降转换为光缆的轴向拉伸变形，由此可知每个管片间的相对沉降变形。按照斜边与竖向距离5∶2布设，斜边设计为1.686 m，竖向高度0.6744 m，本次项目共建长度约为1 km。整体设计方案如图8-35、图8-36所示。

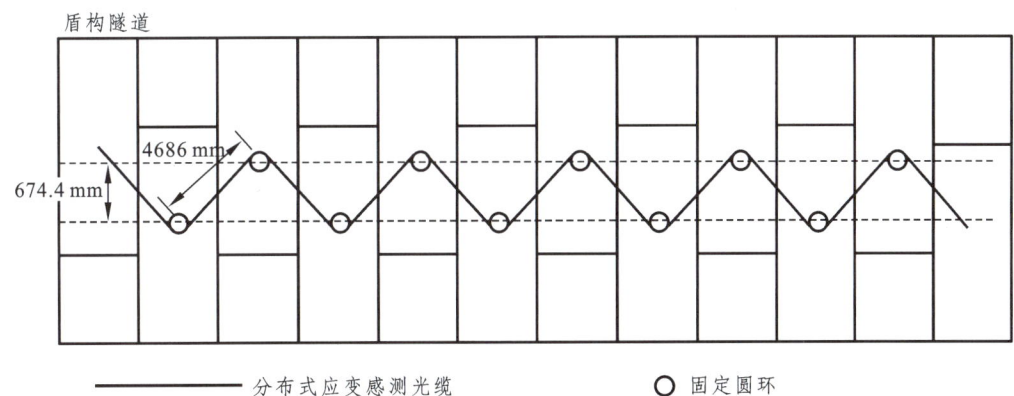

图8-35 管片差异沉降监测布设示意图

图 8-36　光缆安装示意图

管片差异沉降监测作为整个监测方案的重点监测内容，选择较为合理的"Z"字形布设方案。Z 形布设根据第一个监测点的绝对值，结合光缆应变值的变化量计算下一个监测点的沉降量，依次计算整个区间监测点的沉降情况。

2. 管片接缝张合量监测

隧道管片变形主要由两部分组成，一是隧道管片接缝变形，二是隧道管片结构变形，其中后者占主要。本项目监测区间为集庆门大街至云锦路地铁站，采用密集分布式技术对下行线进行监测，采用分布式技术对上行线进行监测，在下行线右腰布设弱光栅光缆，在上行线布设分布式光缆，本次项目上行下行各测约 1 km 线路，总体设计方案如图 8-37、图 8-38 所示。

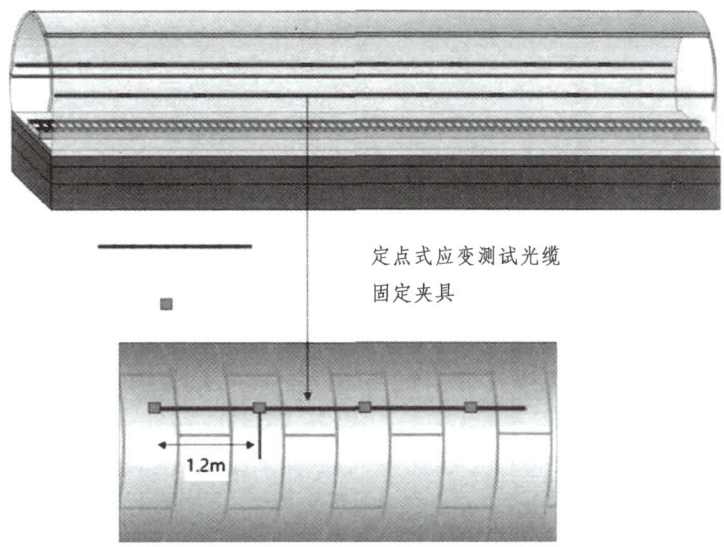

定点式应变测试光缆
固定夹具

图 8-37 盾构隧道轴向变形监测布设示意图

图 8-38 光缆安装完成示意图

3. "集—云"区间盾构隧道沉降光纤监测数据分析

完成 Z 形应变光缆和水平应变光缆布设工作后,连接跳线后采集初值,之后每隔一个月采集一次数据,共计采集 5 期数据(见图 8-39)。

分布式应变监测方案分为"Z"字形监测和水平监测,当"Z"字形监测光缆布设完成后,冗余一段光缆作为区分点,然后开始布设水平方向监测光缆,在数据分析处理过程中应该将两端监测光缆分开后处理(见图 8-40)。

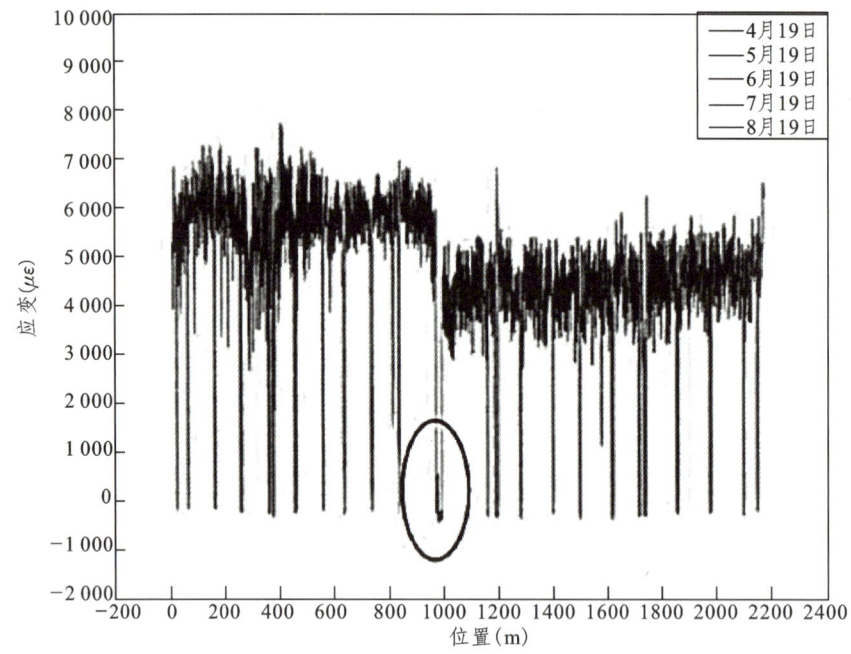

图 8-39 分布式光缆监测数据

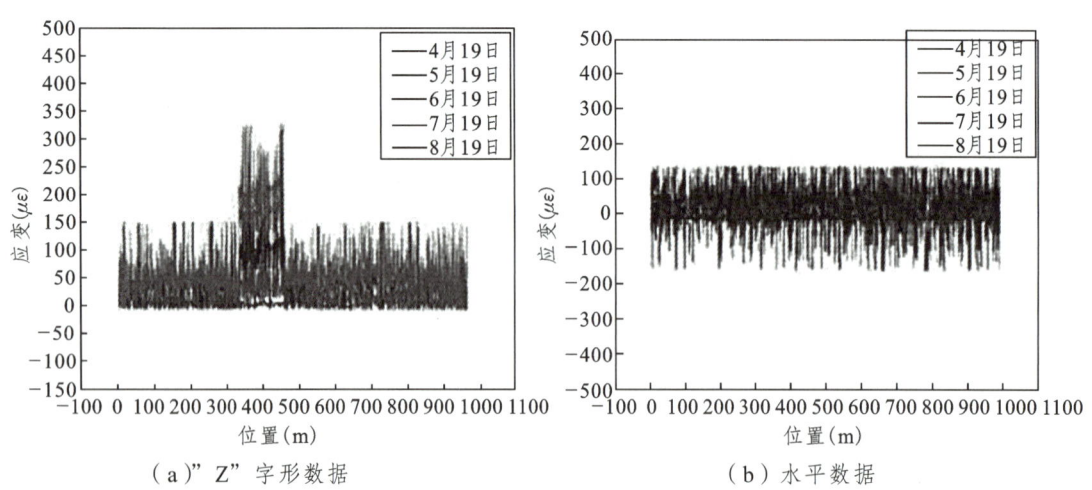

（a）"Z"字形数据　　　　　　　　　　（b）水平数据

图 8-40 分布式光缆监测数据处理

将数据分段成图后观察"Z"字形光缆和水平光缆的应变变化，与理想拉应变基本保持一致，水平光缆有效应变数据也和理想拉应变数据吻合。"Z"字形布设的弱光栅光缆数据处理结果显示，光缆应变值随时间具有增大的趋势。通过分析全部隧道范围内非特殊段沉降情况，结果表明，光纤可以实现对沉降位置精准定位，并监测得到该位置的沉降值，从监测结果看大部分监测点沉降数据变化量较小，各监测点监测数据变化具有一致性，沉降量整体趋势都是随着时间的推移而增加，最终沉降值趋于稳定。

综合本次监测结果，发现本项目的隧道光纤沉降监测方案能够较好地适用于地铁隧道沉降监测领域，一方面对解决传统监测手段存在的施工复杂、人工误差大、成本高等弊端具有积极意义；另一方面，本项目的隧道沉降监测方案，利用地铁盾构隧道由多块管片拼装形成一个圆形整体的特点，有效监测隧道沉降情况，能够广泛运用于各类盾构隧道沉降监测研究中，具有较好的推广性。分布式应变监测光缆数据结果显示，预拉光缆能够有效地达到预期预拉应变值，遇障碍物的冗余部分能够松弛过度，该部分数据能够在图中清晰发现，水平光缆整体监测效果较好。

南京地铁隧道沉降监测项目综合分析隧道沉降机理、光纤传感技术及监测精度要求，提出采用 BOFDA 和弱光栅解调仪，分别解调分布式应变感测光缆和弱光栅光缆监测隧道沉降数据的方案，同时为了便于进一步将光纤传感技术运用于隧道沉降监测领域，研究出一套基于弱光栅光缆监测技术的隧道沉降计算公式，隧道沉降监测方案能够很好地解决传统监测技术存在的施工复杂、人工误差大、成本高等弊端，同时，具有较好的推广性。

本章思考题

1. 工程监测的方法有哪些？
2. 试陈述应用智能材料进行工程监测的工作原理？
3. 请调查智能材料在工程监测中的应用案例？

参考文献

[1] 刘思成. 智能材料在土木工程中的应用[J]. 中国高新区，2017，（23）：15.

[2] 胡仁桂. 土木工程中智能材料的应用研究与发展[J]. 江苏建材，2017，（03）：19-21.

[3] 胡云峰. 土木工程建设中智能材料的应用[J]. 河南科技，2016，（21）：100-101.

[4] 高飞，唐宁，李晓. 智能材料与结构在土木工程领域的应用[J]. 上海建材，2016，（03）：15-17.

[5] 李言顺，何雅婷，杨晓茹，等. 智能感知材料在土木工程领域中应用的研究进展[J]. 传感器世界，2024，30（04）：1-5.

[6] 龙丽芳. 智能土木工程研究现状与应用分析[J]. 产业创新研究，2023，（02）：117-119.

[7] 徐阳，金晓威，李惠. 土木工程智能科学与技术研究现状及展望[J]. 建筑结构学报，2022，43（09）：23-35.

[8] 徐立丹，赵继涛，史明方，等. 形状记忆合金及其复合材料的应用[J]. 科技创新与应用，2021，11（33）：23-25+31.

[9] 凌竞远. 土木工程材料新进展及其应用[J]. 现代职业教育，2021，（28）：164-165.

[10] 高振恒. 基于压电陶瓷的混凝土损伤识别与监测研究[D]. 太原：太原理工大学，2021.

[11] 李海培，徐琦. 新型建筑材料在土木工程中的应用探析[J]. 安徽建筑，2020，27（08）：155+164.

[12] 宗跃然，左永辉，程勋煜. 长大桥群结构健康监测系统研究及开发[J]. 城市道桥与防洪，2024，（05）：15-17+10.

[13] 刘志凌. 特大桥结构健康监测系统的设计与建设[C]//广东省国科电力科学研究院. 第四届电力工程与技术学术交流会议论文集. 珠海香海大桥有限公司；，2023：2.

[14] 李景玉，缪庆旭，桑晓玉，等. 飞云江大桥健康监测系统设计及预警阈值分析[J]. 北方交通，2023，（02）：5-10.

[15] 周建鸿. 形状记忆合金用于结构自修复的设计和试验研究[D]. 沈阳：沈阳建筑大学，2011.

[16] 钱辉. 形状记忆合金阻尼器消能减震结构体系研究[D]. 大连：大连理工大学，2008.

[17] 崔迪. 形状记忆合金及其智能混凝土结构研究[D]. 大连：大连理工大学，2007.

[18] 李惠，毛晨曦. 新型SMA耗能器及结构地震反应控制试验研究[J]. 地震工程与工程振动，2003，（01）：133-139.

[19] 陈英杰；姚素玲. 智能材料[M]. 北京：机械工业出版社，2013.

[20] 杨大智. 智能材料与智能系统[M]. 天津：天津大学出版社，2000.

[21] 西鹏，高晶，李文刚，等. 高技术纤维[M]. 北京：化学工业出版社，2004.

[22] 沈新元. 先进高分子材料[M]. 北京：中国纺织出版社，2006.

[23] 何建新. 新型纤维材料学[M]. 上海：东华大学出版社，2014.

[24] 杜彦良，孙宝臣，张光磊. 智能材料与结构健康监测[M]. 武汉：华中科技大学出版社，2011.

[25] 曾庆怡，林红. 智能纤维与智能纺织品研究概述[J]. 现代丝绸科学与技术，2019，34（6）：35-40.

[26] 沈新元，沈云. 智能纤维的现状及发展趋势[J]. 合成纤维工业，2001，24（1）：1-5.

[27] 倪海燕，孟家光. 有机导电纤维的研究进展及应用[J]. 纺织科技进展，2004，5.

[28] 魏凤春，张恒，张晓. 智能材料的开发与应用[J]. 河南科技学院学报：自科版，2005，3..

[29] 孙亚丽，胡维新. 材料科学技术发展与社会相互作用的思考[J]. 中国建材科技，2005，14（2）：54-57.

[30] 封勤华，蒋耀兴. 智能纤维的现状及应用前景[J]. 国外丝绸，2009，24（5）：29-31.

[31] 罗益锋. 光导纤维的发展动向和新进展[J]. 高科技纤维与应用，2010，35（3）：26-30.

[32] 李长春，陶宝祺，熊克. 光导纤维在钢筋混凝土土木工程中的应用[J]. 光纤与电缆及其应用技术，1996（6）：41-45.

[33] 刘作为，宋军超. 基于光导纤维的透光混凝土的试验研究[J]. 广东建材，2021，37（2）：8-10.

[34] 周智，申娟，焦思雨，等. 透明混凝土的透光性研究[J]. 功能材料，2016，47（12）：12053-12057.

[35] 徐蕾，刘力. 透明混凝土的发展与实践[J]. 混凝土，2014（8）：115-118.

[36] 陈瑶. 透明混凝土材料在建筑设计中的应用研究——以2010上海世博会意大利馆为例[D]. 南京：南京大学，2011.

[37] 彭景元. 导电混凝土研究[J]. 建材与装饰，2018（30）：17-18.

[38] 陈隆道，周浩. 导电混凝土及其应用[J]. 混凝土与水泥制品，1992（4）：12-13.

[39] 吴少鹏，磨炼同，水中和，等. 导电沥青混凝土的制备研究[J]. 武汉理工大学学报（交通科学与工程版），2002，26（5）：567-570.

[40] 唐祖全，李卓球，钱觉时. 碳纤维导电混凝土在路面除冰雪中的应用研究[J]. 建筑材料学报，2004，7（2）：215-220.

[41] 侯作富，李卓球，唐祖全. 融雪化冰用碳纤维混凝土的导电性能研究[J]. 武汉理工大学学报，2002，24（8）：32-34.

[42] 刘小琴，吴媛媛，程宝军，等. 透光混凝土制备方法的研究进展[J]. 商品混凝土，2013（9）：23-25.

[43] 李悦，郭慧. 透光混凝土的研究进展[J]. 混凝土，2013（6）：5-7.

[44] 刘数华，汤婉. 导电混凝土及其在道路工程中的应用综述[J]. 混凝土世界，2017（4）：54-59.

[45] 贾兴文，张新，马冬，等. 导电混凝土的导电性能及影响因素研究进展[J]. 材料导报，2017，31（11）：90-97.

[46] 房财福. 形状记忆纤维在纤维增强水泥基材料中的应用[J]. 建筑与装饰，2022（22）：191-195.

[47] Li V C, Leung C K Y. Steady-State and Multiple Cracking of Short Random Fiber Composites[J]. Journal of Engineering Mechanics, 1992, 118（11）: 2246-2264.

[48] 崔迪, 李宏男, 宋钢兵. 形状记忆合金在土木工程中的研究与应用进展[J]. 防灾减灾工程学报, 2005, 25（1）: 86-94.

[49] 冯辉, 贺志荣, 刘康凯, 等. Ti-Ni 基形状记忆合金的特性及应用研究进展[J]. 铸造技术, 2018, 39（6）: 1379-1383.

[50] 袁佳琦. 形状记忆合金纤维对混凝土力学性能的影响[J]. 科技创新与应用, 2023（27）: 62-65.

[51] 于志宏. 智能橡胶条自动焊接机的设计研究[J]. 中国新技术新产品, 2024（1）: 36-39.

[52] 王伟, 万学林, 葛立新, 等. 基于精准定位与快速安装的智能橡胶隔震支座施工技术[J]. 施工技术（中英文）, 2022, 51（15）: 46-49.

[53] 吴辉琴, 陈俊先, 李伟钊, 等. 智能盆式橡胶支座设计及性能研究[J]. 广西科技大学学报, 2022, 33（1）: 12-18, 25.

[54] 一种精密智能的橡胶裁断机[J]. 橡塑技术与装备, 2021, 47（17）: 64-65.

[55] 双星联手南山集团, 共推高端合成橡胶和全产业链智能制造[J]. 橡塑技术与装备, 2021, 47（15）: 25.

[56] 白京鑫. 梁和板式橡胶支座受力分析与监测方法研究[D]. 南宁: 广西大学, 2021.

[57] 汪雄伟, 耿贵胜, 李福成, 等. 固定式全自动智能控制橡胶割胶机设计[J]. 农业工程, 2020, 10（7）: 79-84.

[58] 刘巧斌. 加速试验方法与智能算法在车用橡胶可靠性评估中的应用研究[D]. 长春: 吉林大学, 2020.

[59] 辛鑫. 橡胶工业精益生产和智能制造研究[J]. 化工设计通讯, 2019, 45（10）: 206-207.

[60] 贾红兵, 宋晔, 王经逸. 高分子材料[M]. 南京: 南京大学出版社, 2019: 255.